Les Aéroplanes
de 1912

LIBRAIRIE AÉRONAUTIQUE
40, rue de Seine, Paris

LES AÉROPLANES DE 1912

VOLUMES PRÉCÉDEMMENT PARUS

Les
Aéroplanes de 1912

Étude technique, avec plans cotés, des principaux aéroplanes

PAR

R. DE GASTON
Ancien secrétaire de la S.F.N.A.

ALEX. DUMAS
Ingénieur E.C.P.

Librairie Aéronautique

——— EDITEURS ———

PARIS, 40, rue de Seine, 40, PARIS

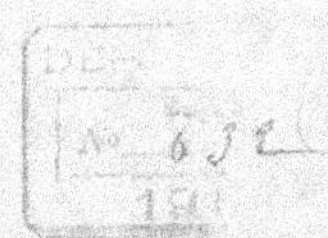

PREMIÈRE PARTIE

LES APPAREILS FRANÇAIS

ASTRA	HENRIOT
BLÉRIOT	MORANE-SAULNIER
BOREL	NIEUPORT
BRÉGUET	REP
CAUDRON	SAVARY
CLÉMENT-BAYARD	SOMMER
DEPERDUSSIN	TRAIN
DONNET-LÉVÊQUE	VENDOME
H. FARMAN	VOISIN
M. FARMAN	ZODIAC

AÉROPLANES ASTRA

La Société Astra, qui construisit d'abord les biplans Wright, auxquels elle apporta par la suite d'heureuses modifications, est une des plus anciennes firmes aéronautiques.

Depuis, elle créa un appareil où, conservant la cellule principale des Wright, elle modifia le châssis d'atterrissage et la queue, ainsi que la place des passagers et celle du moteur (appareil décrit dans les aéroplanes de 1911).

Cette année, la Société Astra a sorti un appareil parfaitement au point, soigneusement étudié et construit. Très robustes et très stables, ces biplans pilotés par Gaubert, Maurice Herbster et Labouret, figurèrent honorablement dans les différentes épreuves de l'année. Chaque jour,

à l'aérodrome-école de Villacoublay, ces pilotes forment des élèves et emmènent de nombreux passagers.

Fuselage. — Le fuselage, en forme de carène à section triangulaire est constitué de longerons renforcés qui assemblent les montants et traverses entretoisés par des U en tôle d'acier.

Ce procédé, qui assure une solidité et une rigidité à toute épreuve, amène une augmentation de poids dont se ressent l'ensemble de l'appareil.

Moteur. — Le moteur, placé tout à fait à l'avant du fuselage est suivant le type, recouvert ou non d'un capot.

Le moteur Chenu ayant le refroidissement à

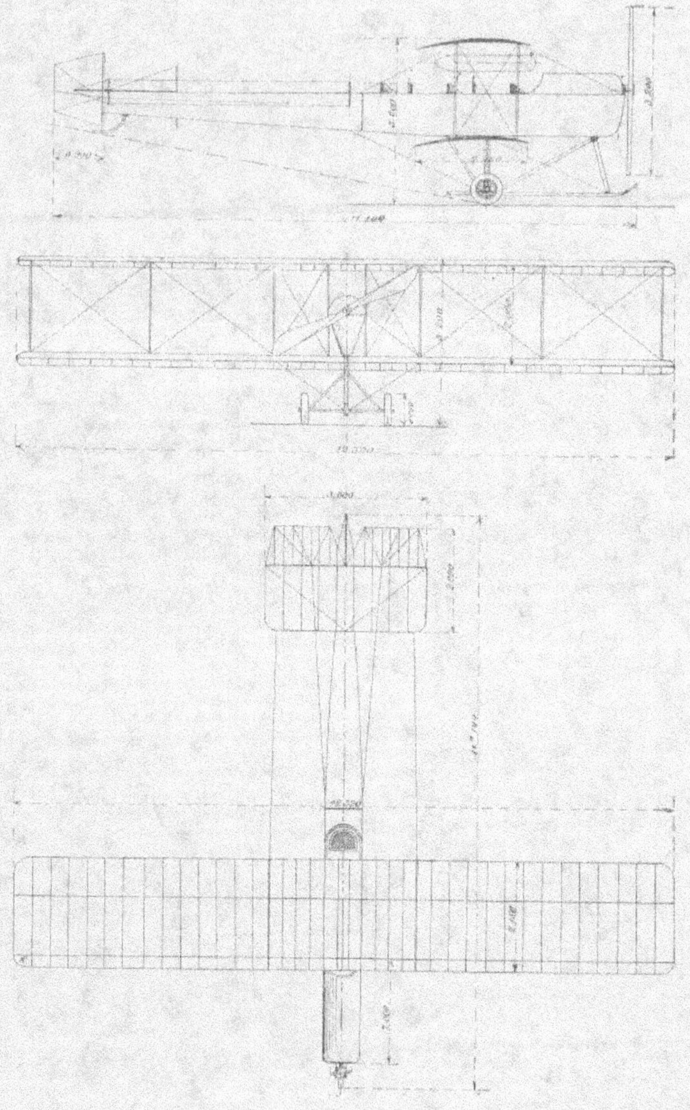

eau, est complètement renfermé. Le moteur Renault à ailettes, est découvert.

Dans le type C, l'appareil est à deux places et double commande. Dans le type militaire, un troisième siège est prévu entre le moteur et les pilotes

Empennage. — Enfin, à l'arrière, le fuselage est terminé par un empennage stabilisateur horizontal, prolongé par un gouvernail de profondeur à volet et un gouvernail de direction.

Cet empennage est protégé au moment de l'atterrissage par une béquille articulée, avec ressort caoutchouc.

Ailes. — Les ailes ont la forme et le gauchissement de la voiture Wright; la courbure modifiée rappelle celle du Nieuport. Les longerons portent des crochets genre Wright qui donnent aux montants l'élasticité nécessaire au gauchissement simultané et inverse des plans porteurs. Douze grands montants relient les deux plans et quatre le plan supérieur au fuselage. Le gauchissement assure la stabilité latérale.

La stabilité longitudinale est assurée par l'empennage que prolonge le gouvernail de profondeur.

Commandes. — Les commandes sont doubles sur tous les appareils, elles comprennent :

1° Pour la direction, un palonnier commandé au pied.

2° Un levier à double mouvement commandé par un volant et qui agit d'avant en arrière ou inversement pour la profondeur et à droite ou à gauche pour le gauchissement.

Les organes de la double commande sont solidaires, mais peuvent être à volonté rendus indépendants.

Châssis d'atterrissage. — Le châssis d'atterrissage est formé d'un patin central et de deux roues. Le patin est relié au fuselage par l'inter-

médiaire de trois jambes de force, et les deux roues à pneus de grosse section sont montées folles autour d'un essieu qui transmet les chocs à un montant central amortisseur.

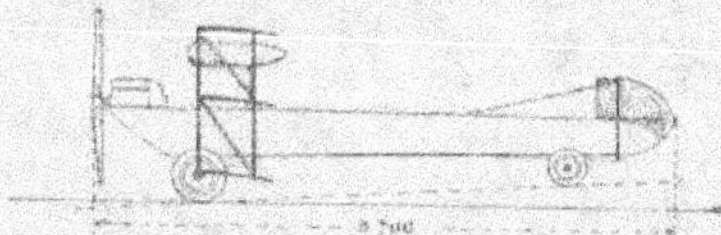

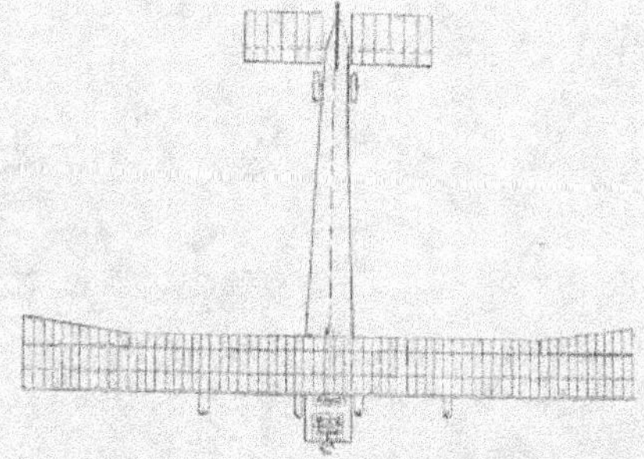

Le triplan Astra.

L'essieu est en outre à chaque extrémité, près des roues, relié au montant par deux jambes de force.

Tous les fils de manœuvre qui commandent les organes de direction sont doubles.

ASTRA

Aux renvois, les fils sont remplacés par des chaînes.

La Société Astra a fait un biplan très solide et le souci de la sécurité a primé, au détriment du poids et par conséquent de la vitesse. C'est une conception assez rare en aviation mais qui, judicieusement mise en pratique, a donné les résultats les plus encourageants.

Caractéristiques

	Type C	Type CM
Envergure	12m50	12m32
Longueur	10m40	10m97
Hauteur totale	3m30	3m35
Surface portante	48m	48m
Poids total sans passagers	500 kg.	673 kg.
Moteur	Renault 50 HP	Chenu-Renault 75 HP
Charge utile	300 kg.	400 kg.
Vitesse approximative	85-90	85-95

AÉROPLANES BLÉRIOT

Il est inutile de rappeler aujourd'hui l'historique du monoplan Blériot. Solide et robuste, malgré sa légèreté, il est remarquable par sa stabilité dans le vent et sa merveilleuse souplesse.

Un grand nombre de types ont été établis. Leurs applications diverses nous font un devoir d'en donner les descriptions détaillées.

TYPE XI 50 HP MONOPLACE

Cet appareil, déjà connu, est le prototype d'une série d'appareils qui tout en ayant subi dans leurs détails des modifications restent semblables dans leur ensemble et leur principe.

Fuselage. — Le fuselage est constitué par une poutre rigide en frêne et sapin croisillonnée par des cordes à piano qui viennent s'attacher sur des étriers en forme d'U, ce qui conserve aux montants toute leur solidité; à l'avant est le moteur, un Gnôme 50 HP, entouré d'un carter en tôle qui évite au pilote les projections d'huile.

Derrière sont placés, dans l'ordre, les réservoirs, les appareils de contrôle, les organes de manœuvre et le siège du pilote. Le fuselage n'est entoilé que jusqu'à cet endroit. Sa partie arrière nue par conséquent, se termine par le gouver-

nail de direction de forme carrée, à coins très arrondis. Au-dessous, un stabilisateur rectangle dont les parties extrêmes, en forme d'ailerons,

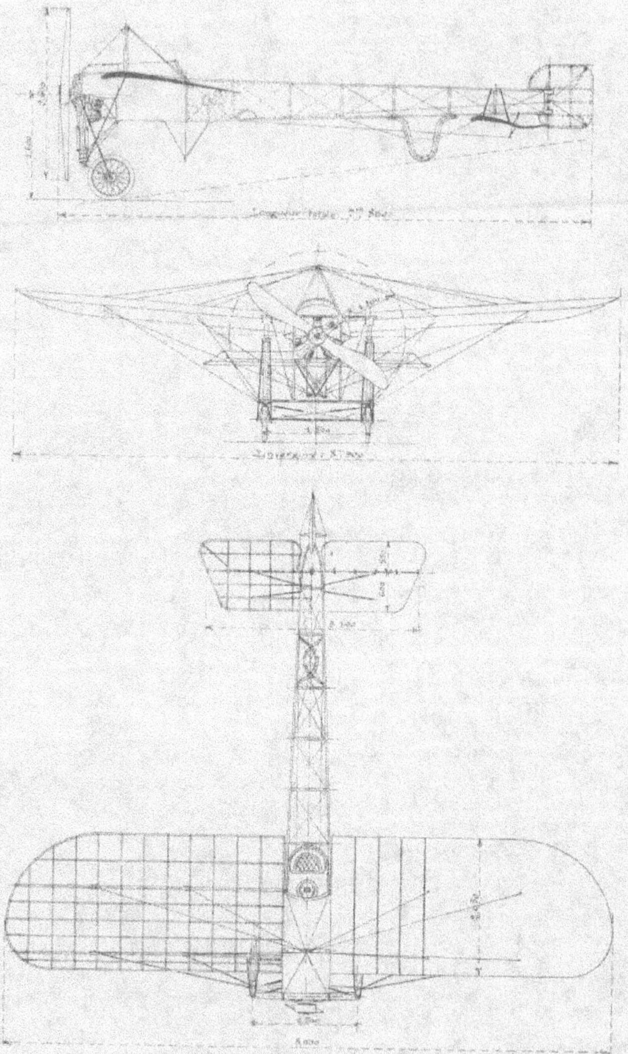

Type XI. — Appareil militaire monoplace.

sont mobiles autour d'un axe constituant le gouvernail de profondeur.

Le châssis d'atterrissage. — Le châssis avant à triangle déformable et roues orientables, principe qui se retrouve dans tous les appareils Blériot, est composé d'un cadre rigide formé de deux grandes planches horizontales et de montants en bois et en tubes d'acier qui reposent par un assemblage élastique sur deux roues accouplées et orientables.

Le triangle déformable qui relie les roues au châssis est constitué par les fourches et par les montants verticaux. Les trois sommets articulés du triangle étant, le premier, à l'axe de la roue; le deuxième, à la partie inférieure du tube du châssis et le troisième, disposé à la partie supérieure de ce tube. Des extenseurs en caoutchouc absorbent les chocs à l'atterrissage et pendant le roulement.

A l'arrière, un patin en jonc en forme d'x permet un freinage très rapide au moment de l'atterrissage.

Ailes. — Les deux ailes sont formées chacune de deux longerons en frêne réunis par des nervures en sapin, elles sont haubannées intérieurement par des cordes à piano. Les deux longerons viennent se fixer : l'un cylindrique dans un tube qui traverse le fuselage; l'autre rectangle dans une pièce spéciale faisant corps avec le fuselage, où il est fixé par un boulon.

La cabane où aboutissent les haubans qui supportent les ailes au repos, est constituée par quatre montants formant deux triangles réunis à leur sommet par une traverse et consolidés par des tendeurs. Tous les haubans et attaches des ailes sont renforcés. Les ailes sont gauchissables.

Commandes. — Un volant commande une cloche où viennent se rattacher les fils de commande de profondeur et de gauchissement.

Un palonnier au pied actionne le gouvernail de direction.

Caractéristiques

Envergure : 8m50.
Longueur totale : 7m80.
Surface portante : 14 m².
Poids à vide : 300 kgs (en ordre de marche).
Moteur : 50 HP Gnôme.
Hélice : tractive, diamètre : 2m60; pas : 1m45.
Vitesse : kilom.-h. : 90.

TYPE XI 140 HP TRIPLACE

Cet appareil, étudié pour les besoins du Concours Militaire, ne diffère du précédent que par ses dimensions et quelques détails.

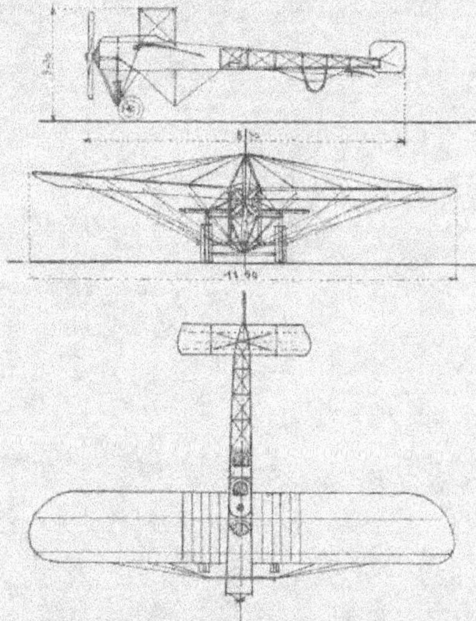

Son envergure a été augmentée.

Le fuselage allongé pour loger les trois aviateurs qui sont placés l'un derrière l'autre, le pilote au centre.

Le châssis d'atterrissage, qui comporte toujours les triangles déformables est surbaissé, puisque sa planche supérieure est placée sous le fuselage. Le moteur Gnôme 140 HP est placé en avant du cadre du châssis.

Son armature est soutenue par deux nouvelles jambes de force en frêne. Les roues sont très robustes et d'une grande surface d'appui, car elles sont constituées de trois jantes rayonnées sur un moyeu unique et par conséquent très large.

Caractéristiques

Envergure : 11ᵐ35.
Longueur totale : 8ᵐ50.
Surface portante : 25 m².
Poids en ordre de marche à vide : 515 kg.
Moteur : Gnôme 140 HP.

TYPE XI MILITAIRE 50 HP, MONOPLACE

Cet appareil ne diffère du type XI que par l'équilibreur arrière et la cabane qui supporte les haubans supérieurs.

En effet, les volets qui forment le gouvernail de profondeur, au lieu d'être placés latéralement, sont disposés en arrière de la surface fixe; ils possèdent une arquée négative, ce qui donne à l'ensemble stabilisateur un profil à double courbure.

Ce système d'équilibreur, très puissant cependant, a permis de diminuer l'encombrement de la queue en réduisant son envergure.

La cabane a été remplacée par un pylône formé de deux jambes de force en tubes d'acier solidement haubannées à l'avant et à l'arrière par des tendeurs en corde à piano.

Caractéristiques. — Les dimensions de cet appareil sont sensiblement égales au type XI.

TYPE XI-2 — GÉNIE 70 HP, BIPLACE

Cet appareil, légèrement plus grand que le précédent, comporte quelques modifications qui permettent un démontage et remontage très rapide et par conséquent le rendent facile à transporter à la suite des troupes.

Les deux places sont en tandem, le passager, placé derrière le pilote très en arrière des ailes qui sont d'ailleurs très échancrées, peut sans aucune gêne observer le terrain.

Fuselage. — Le pilote et son passager sont complétement abrités de l'air et des projections d'huile par un capot. Un réservoir supplémentaire peut être substitué à l'observateur. L'empennage est semblable au type XI militaire.

Châssis d'atterrissage. — Le châssis avant n'a pas changé, seul le patin en x est remplacé par une béquille articulée en frêne, maintenue en son milieu par une charnière en acier et dont la partie supérieure porte un extenseur en caoutchouc.

Dans le châssis avant, les extenseurs sont maintenus par un mode d'agrafe qui permet de les libérer très facilement à l'aide d'un levier; les roues peuvent alors remonter en arrière et l'appareil vient reposer sur son châssis, ce qui facilite la visite du moteur et aussi le rend beaucoup moins encombrant pour son transport. Les ailes sont échancrées vers l'arrière pour augmenter le champ de visibilité.

Caractéristiques

Moteur : 70 HP Gnôme, type Gamma.
Envergure : 9ᵐ,70.
Longueur : 8ᵐ,30.
Surface portante : 18ᵐ².
Hauteur : 2ᵐ,50.
Poids à vide : 320 kg.
Charge utile : 230 kg.
Essence : 75 litres.
Huile : 25 litres.
Vitesse : 110-115 km-heure.

Encombrement de l'appareil démonté, extenseurs dégrafés pour le transport sur route. Remontage en état de vol en 25 minutes par 4 hommes.

Longueur : 7m,50;

Largeur : 1m,70;

Hauteur : 2m,25.

TYPE REPLIABLE ARTILLERIE 50 HP MONOPLACE

Cet appareil, semblable en forme et dimensions au type XI militaire, comporte les facilités de démontage du type Génie ainsi que la béquille articulée.

De plus, grâce à un nouveau dispositif, le fuselage se replie en deux un peu en arrière de la béquille sans déranger ni dérégler aucune commande; ce qui diminue son encombrement et facilite son transport sur les voitures militaires.

Comme dans le type Génie, le châssis peut être abaissé en libérant les extenseurs.

Le premier appareil de cette série fut le « Henri Lavedan ». Le capitaine Echeman pilotant cet appareil, fit à Etampes, le 14 mai 1912, une chute mortelle occasionnée par une trop grande incidence du stabilisateur. A la suite de cet accident les modifications nécessaires ont été apportées à ce type d'appareil.

Le gouvernail de direction qui, dans les types précédents dépassait également au-dessus et au-dessous de la poutre du fuselage, est coupé au bas de celle-ci suivant une oblique se dirigeant vers le haut suivant un angle d'environ 20°, ce qui assure une grande liberté au gouvernail de profondeur, constitué par un volet mobile faisant suite à un plan stabilisateur fixe.

L'envergure de ce plan stabilisateur a été, d'ailleurs, diminuée pour permettre à l'appareil d'entrer tel dans les fourgons du matériel réglementaire.

TYPE XXI, 70 HP, BIPLACE COTE A COTE

Construit suivant un principe un peu différent, ce monoplan est remarquable par sa silhouette gracieuse et ses lignes pures.

Fuselage. — Le fuselage, quadrangulaire à l'avant, est constitué d'une poutre croisillonnée s'aplatissant vers l'arrière jusqu'à se confondre avec l'empennage, annulant ainsi les perturbations d'équilibre dues à la dérive sous l'action d'un vent de côté.

Cette forme qui affine la partie arrière de l'appareil et diminue la résistance à l'avancement, lui donne une silhouette gracieuse et élégante.

A l'avant, le moteur placé sur un bâti spécial, est renfermé dans un capot qui, se prolongeant, abrite complètement les réservoirs et la partie

avant de la nacelle contenant les instruments et organes de conduite.

Les deux places sont côte à côte; une trappe placée devant le siège de gauche facilite l'accès. La cabane supérieure et le pylône sont constitués chacun de deux béquilles où sont fixées les poulies.

Le fuselage complètement entoilé comporte à l'arrière un empennage en queue de poisson légèrement portant, terminé par un volet formant gouvernail de profondeur; ce volet est commandé par des leviers doubles en acier forgé. Toutes les toiles de l'appareil sont lacées, y compris celles qui dissimulent la liaison articulée du stabilisateur au gouvernail de profondeur.

La direction est assurée par un gouvernail en forme de triangle à coins arrondis placé au-dessus du fuselage un peu en avant du gouvernail de profondeur.

Ailes. — Les ailes du type habituel sont constituées par des nervures en frêne croisillonnées, supportées par deux longerons : le premier à l'avant est cylindrique et se fixe dans un tube qui traverse le fuselage; le deuxième à section rectangulaire est encastré et boulonné dans une pièce spéciale faisant corps avec le fuselage. Les ailes sont soutenues au-dessus par six câbles d'acier chacune, qui se rattachent au pylône formé, ainsi que nous l'avons dit, de deux béquilles en tube à section fusiforme.

Au-dessous, le haubanage comprend de chaque côté, trois câbles et trois haubans gauchisseurs

BLERIOT

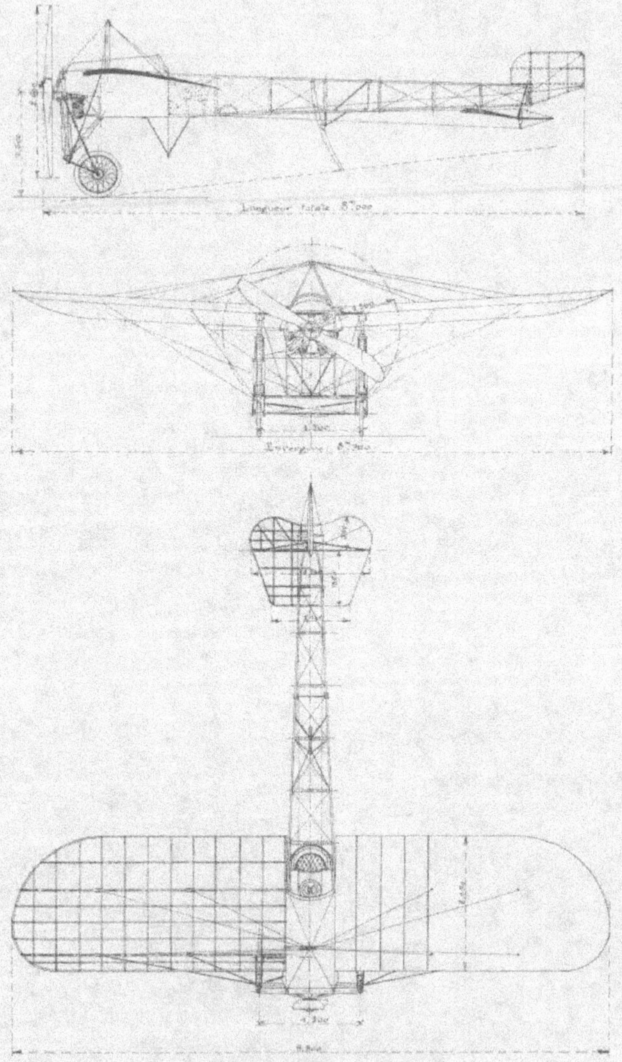

Type repliable artillerie 50 HP, monoplace.

commandés par les poulies de la béquille inférieure.

Le gauchissement assure la stabilité latérale.

Châssis d'atterrissage. — Le châssis d'atterrissage à triangles déformables et roues orientables est surbaissé.

Sous le stabilisateur une béquille en x très basse, ce qui augmente l'incidence des ailes et permet d'arrêter très rapidement l'appareil.

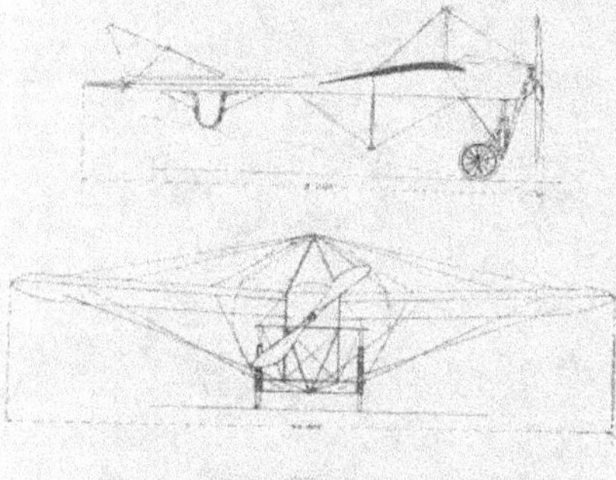

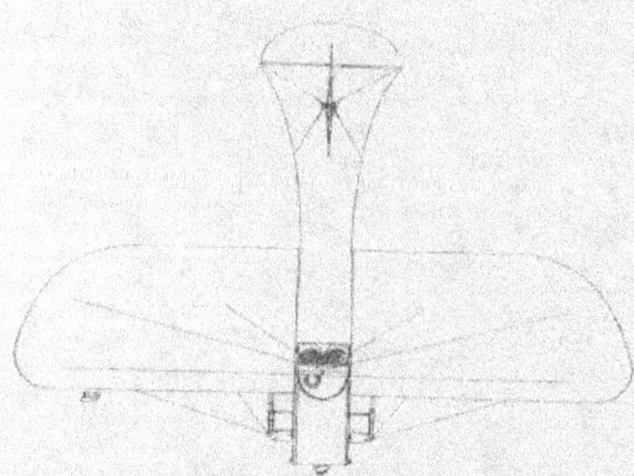

Commandes. — Les commandes peuvent être indifféremment maniées par le pilote et par le passager. La cloche commande toujours la profondeur et le gauchissement; elle est accessible des deux sièges. Pour la direction le pilote dispose d'un palonnier et le passager de deux pédales.

Les appareils et instruments de contrôle sont placés sur une barre et peuvent être déplacés à volonté.

Caractéristiques

Moteurs : 70 HP Gnôme.
Envergure : 11 mètres.
Longueur : 8ᵐ,24.
Surface portante : 25 mètres.
Poids à vide : 330 kg.
Essence deux réservoirs : 113 litres (78 + 35).
Huile : 35 litres.
Vitesse : 90-95 km.-heure.

TYPE XXIV BERLINE 140 HP, 5 PLACES

Cet appareil construit pour M. Henri Deutsch, de la Meurthe, est le premier essai de carrosserie aérienne.

Quoique étant monoplan, il rappelle par ses lignes, sa construction et son équilibrage, le type biplan.

En effet, il comporte un gouvernail de profondeur avant. Au centre une voilure monoplane, le châssis d'atterrissage, le siège du pilote avec les organes de commande, la cabine des passagers et le groupe moto propulseur. A l'arrière une queue stabilisatrice monoplane et le gouvernail de direction.

Châssis d'atterrissage. — Le châssis d'atterrissage du type Blériot, à triangles déformables, est considérablement renforcé, présente une voie de 3 mètres. Les roues ont un diamètre de 0ᵐ,70 et les extenseurs sont doublés. Sur la planche du bas repose la cabine et la planche supérieure porte les ailes.

Carrosserie. — La carrosserie qui caractérise cet appareil est constituée d'une cabine pouvant contenir quatre passagers se faisant vis-à-vis. Construite par Rotschild et fils, elle est complétement fermée et donne une impression très luxueuse. Deux portières latérales y donnent accès; ces portes ont des fenêtres à glissière qui peuvent être à volonté ouvertes de l'intérieur.

Les fenêtres sont faites en celluloïd ininflammable. A l'intérieur, les sièges et les parois sont rembourrés de coussins à air, destinés à protéger les passagers dans les atterrissages brusques.

Pilote et commandes. — Le plancher de la cabine est prolongé en avant pour supporter le pilote. Un tube acoustique lui permet de communiquer avec l'intérieur de la cabine. Un cône en mica placé devant lui le met à l'abri de l'air. Les organes de commande sont constitués de la

BLERIOT

cloche et du palonnier comme dans les autres appareils.

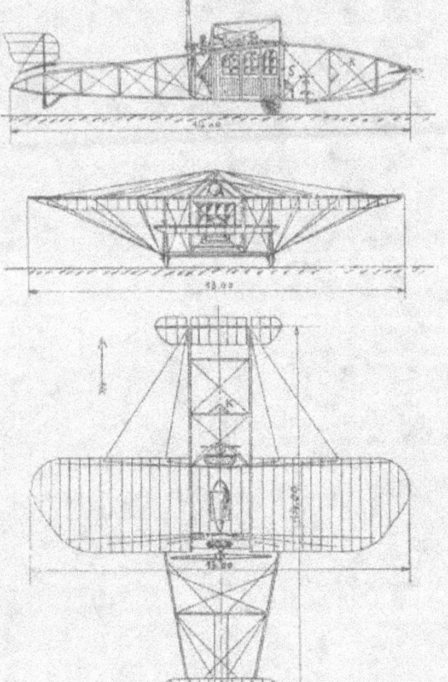

Gouvernail de profondeur. — Quatre longerons partant des angles de la cabine supportent à

l'avant un gouvernail de profondeur en drapeau mobile autour d'un axe placé au 1/3 avant, dont la forme et le profil rappelle celui de la voilure.

Ce gouvernail a 4 mètres 40 d'envergure sur 1 mètre 36 de profondeur.

Ailes. — La voilure est constituée par deux ailes qui ont le profil et la forme de celles du type XI. Elles ont une profondeur de 3 mètres 25. Au repos, chaque aile est maintenue par trois câbles tendeurs qui s'attachent au sommet avant d'une cabane rectangle en acier qui est de la grandeur de la cabine; trois câbles gauchisseurs coulissent sur des poulies fixées à la partie arrière de cette cabane.

Au-dessous, l'aile porte l'appareil en vol au moyen de trois haubans et de trois câbles gauchisseurs commandés par la cloche.

L'angle d'incidence de l'aile est de 6°.

Un réservoir est placé au-dessus de la cabine.

Moteur. — Un bâti spécial monté derrière la cabine supporte un moteur Gnôme de 140 HP, actionnant une hélice de 3 mètres de diamètre.

Gouvernail de direction. — Quatre longerons suffisamment écartés pour permettre la rotation de l'hélice, supportent à l'arrière un plan stabilisateur à incidence variable de 4 mètres 40 d'envergure et de 1 m. 50 de profondeur, au-dessus duquel pivote le gouvernail de direction.

Un patin est placé au-dessous pour freiner à l'atterrissage.

Caractéristiques

Envergure : 13 mètres.
Longueur : 14ᵐ70.
Surface portante : 41 m².
Poids à vide : 725 kg.
Vitesse : 85 km.-heure.

AÉROPLANES BOREL

Le monoplan Borel, un des plus rapides en proportion de la puissance de son moteur est aussi un des plus perfectionnés au point de vue sécurité.

Ses qualités en vol sont remarquables. La première d'entre toutes est une parfaite obéissance aux commandes. Il doit sa souplesse aux dispositions suivantes :

Concentration des masses et abaissement de l'axe de traction.

Absence de dièdre.

Voilure à centre de pression rétrograde et à envergure croissante.

Corps fuselé.

Légéreté de l'appareil et excès de puissance motrice.

La concentration des masses a été obtenue en élevant le centre de gravité jusqu'à ce qu'il coïncide sensiblement avec le centre de pression et aussi en rapprochant le pilote du moteur.

Au point de vue sécurité, le constructeur a cherché à dégager le pilote; à cet effet, tout le pylône qui supporte le haubannage supérieur a été rejeté vers l'avant. Les commandes sont doublées et toutes les pièces d'acier qui entrent dans la construction de l'appareil sont forgées. Seules les pièces qui ne compromettent en aucune façon la solidité du monoplan sont fondues.

Fuselage. — Le fuselage à section quadrangulaire est entièrement en frêne. Les montants ne comportent aucun trou; les fils tendeurs étant supportés par des cornières en tôle d'acier.

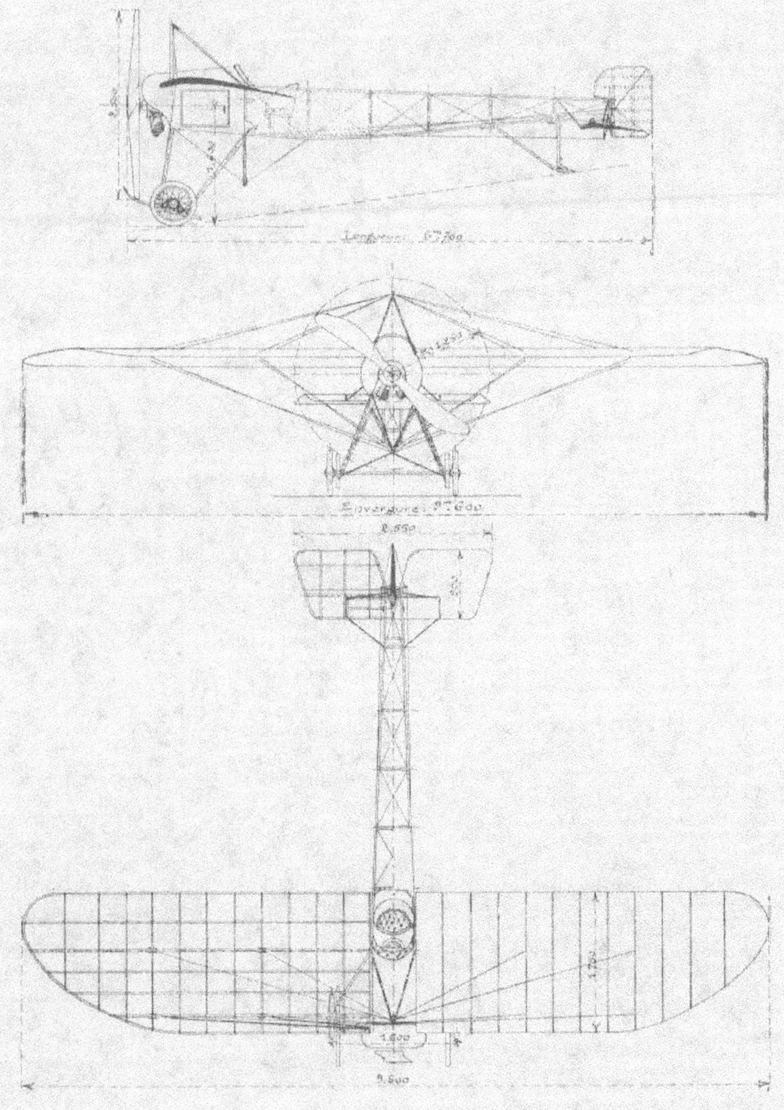

Le fuselage est complètement entoilé; un capot met le pilote à l'abri de l'air et des projections d'huile.

Une cabane en forme de pylône irrégulier à quatre montants, ceux qui sont placés vers l'avant étant verticaux, sert d'attache aux câbles supérieurs de haubannage.

A l'avant, un moteur rotatif Gnôme, placé en porte-à-faux est fixé par un seul écrou, ce qui permet de changer très rapidement l'hélice et le moteur.

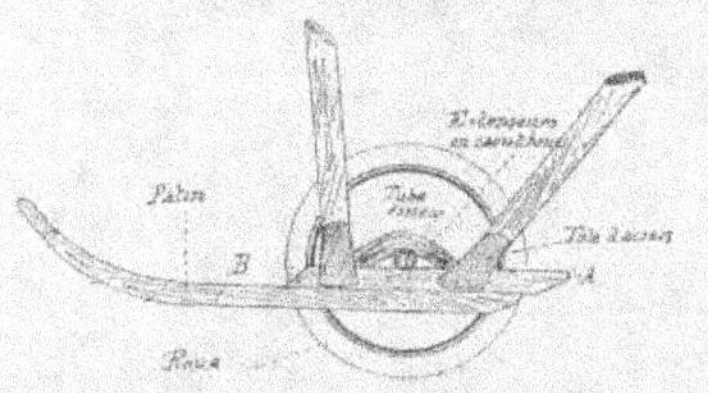

Gouvernails. — Le corps du fuselage se termine à l'arrière par le gouvernail de direction vertical.

Le stabilisateur portant est placé sous le fuselage vers l'arrière et supporté par quatre tubes d'acier. Il se compose d'une petite surface rectangulaire fixe encadrée sur trois faces par un volet mobile formant gouvernail de profondeur.

Ailes. — Les ailes du Borel sont caractérisées par leur grand « allongement », c'est-à-dire par le rapport très grand qui existe entre leur envergure et leur longueur antéro-postérieure.

De plus, leur faible courbure et leur faible incidence permettent à l'appareil d'atteindre de grandes vitesses avec une puissance relativement petite.

D'autre part, l'arrondi de leurs extrémités a été déterminé très soigneusement, la plus grande envergure étant vers l'arrière.

Ainsi, les pertes marginales étant diminuées, le rendement de la machine, à surface égale, se trouve augmenté et le centre de pression s'éloignant du bord d'attaque à mesure que l'on s'éloi-

gne du fuselage, l'appareil présente le V latéral qui lui assure une parfaite stabilité longitudinale.

Les ailes sont gauchissables, et la grande envergure se trouvant vers l'arrière, le gauchissement se montre plus énergique et son action plus immédiate.

Train d'atterrissage. — Le châssis d'atterrissage se compose de quatre jambes de force en frêne, supportant deux patins de même matière relevés vers l'avant en forme de ski, auxquels l'essieu supportant deux roues de 650 ᵐᵐ est relié par deux amortisseurs en caoutchouc.

Les câbles de gauchissement doublés ainsi que les haubans qui supportaient les ailes sont portés par une entretoise en tubes d'acier.

Commandes. — Les organes de direction sont commandés par un levier pour le gauchissement et la profondeur et le gouvernail de direction par un palonnier au pied.

Démontage. — Une des plus grandes qualités du Borel est la grande facilité de démontage et de remontage.

Le repliage s'opère de la façon suivante : il suffit de retirer un seul axe pour libérer tous les câbles supérieurs.

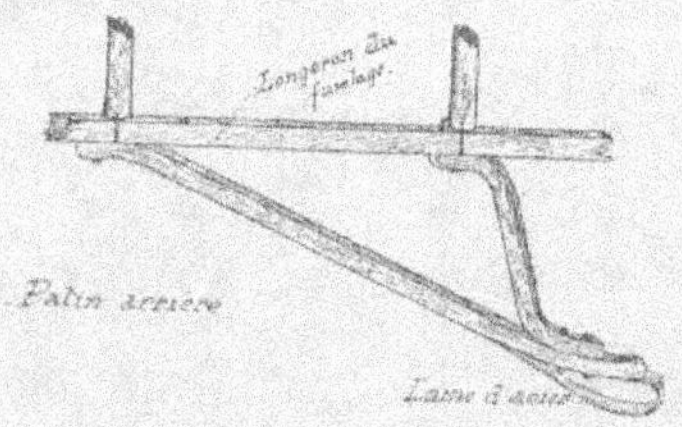

Les haubans qui soutiennent les ailes au repos sont terminés par des oreilles, dont l'une des extrémités recourbée en V renversé s'accroche sur le champ d'une tôle immobilisée au sommet de la cabane. Entre les U passe une chappe soutenant les poulies des câbles de gauchissement.

BOREL

Le boulon-axe étant retiré, les ailes sont encore soutenues par les pièces à crochet; or, ces pièces étant alors indépendantes, on décroche les ailes l'une après l'autre.

Les ailes sont articulées dans une chappe-cardan et se replient le long du fuselage où elles sont fixées par un des boulons qui supportent les câbles de gauchissement.

Le stabilisateur se démonte de la même manière et se place sur le fuselage. Aucun réglage n'ayant été touché, le remontage est des plus rapide.

Caractéristiques

	Type tourisme	Type militaire
Nombre de places...........	1 place	2 places
Moteur.................	50 HP Gnome	70 HP Gnome
Longueur totale...........	6m85	8m
Envergure...............	9m08	12m
Surface flottante...........	14m²	20m²
Poids à vide.............	250 kg.	270 kg.
Charge utile.............	200 kg.	300 kg.
Consommation) Essence.	18 litres	25 litres
aux 100 km.) Huiles..	4 kilos	7 kilos
Vitesse à l'heure...........	110 km.	95-100

AÉROPLANES ASTRA

La Société Astra, qui construisit d'abord les biplans Wright, auxquels elle apporta par la suite d'heureuses modifications, est une des plus anciennes firmes aéronautiques.

Depuis, elle créa un appareil où, conservant la cellule principale des Wright, elle modifia le châssis d'atterrissage et la queue, ainsi que la place des passagers et celle du moteur (appareil décrit dans les aéroplanes de 1911).

Cette année, la Société Astra a sorti un appareil parfaitement au point, soigneusement étudié et construit. Très robustes et très stables, ces biplans pilotés par Gaubert, Maurice Herbster et Labouret, figurèrent honorablement dans les différentes épreuves de l'année. Chaque jour, à l'aérodrome-école de Villacoublay, ces pilotes forment des élèves et emmènent de nombreux passagers.

Fuselage. — Le fuselage, en forme de carène à section triangulaire est constitué de longerons renforcés qui assemblent les montants et traverses entretoisés par des U en tôle d'acier.

Ce procédé, qui assure une solidité et une rigidité à toute épreuve, amène une augmentation de poids dont se ressent l'ensemble de l'appareil.

Moteur. — Le moteur, placé tout à fait à l'avant du fuselage est suivant le type, recouvert ou non d'un capot.

Le moteur Chenu ayant le refroidissement à

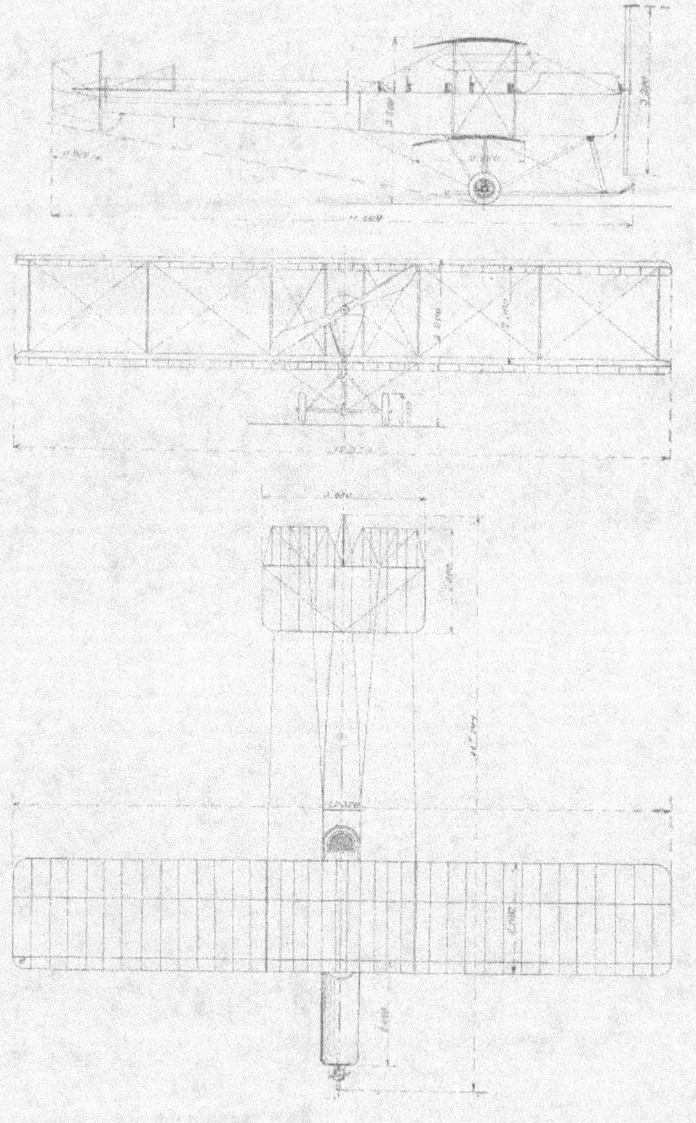

eau, est complètement renfermé. Le moteur Renault à ailettes, est découvert.

Dans le type C, l'appareil est à deux places et double commande. Dans le type militaire, un troisième siège est prévu entre le moteur et les pilotes

Empennage. — Enfin, à l'arrière, le fuselage est terminé par un empennage stabilisateur horizontal, prolongé par un gouvernail de profondeur à volet et un gouvernail de direction.

Cet empennage est protégé au moment de l'atterrissage par une béquille articulée, avec ressort caoutchouc.

Ailes. — Les ailes ont la forme et le gauchissement de la voiture Wright, la courbure modifiée rappelle celle du Nieuport. Les longerons portent des crochets genre Wright qui donnent aux montants l'élasticité nécessaire au gauchissement simultané et inverse des plans porteurs. Douze grands montants relient les deux plans et quatre le plan supérieur au fuselage. Le gauchissement assure la stabilité latérale.

La stabilité longitudinale est assurée par l'empennage que prolonge le gouvernail de profondeur.

Commandes. — Les commandes sont doubles sur tous les appareils, elles comprennent :

1° Pour la direction, un palonnier commandé au pied.

2° Un levier à double mouvement commandé par un volant et qui agit d'avant en arrière ou inversement pour la profondeur et à droite ou à gauche pour le gauchissement.

Les organes de la double commande sont solidaires, mais peuvent être à volonté rendus indépendants.

Châssis d'atterrissage. — Le châssis d'atterrissage est formé d'un patin central et de deux roues. Le patin est relié au fuselage par l'intermédiaire de trois jambes de force, et les deux roues à pneus de grosse section sont montées folles autour d'un essieu qui transmet les chocs à un montant central amortisseur.

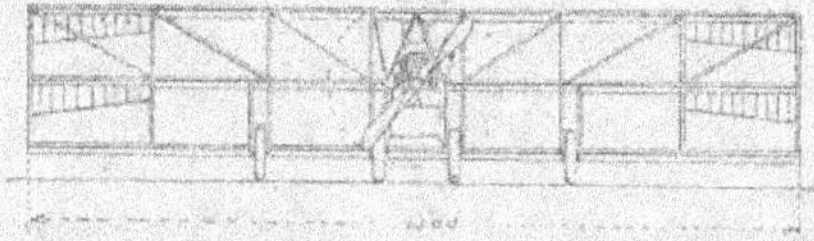

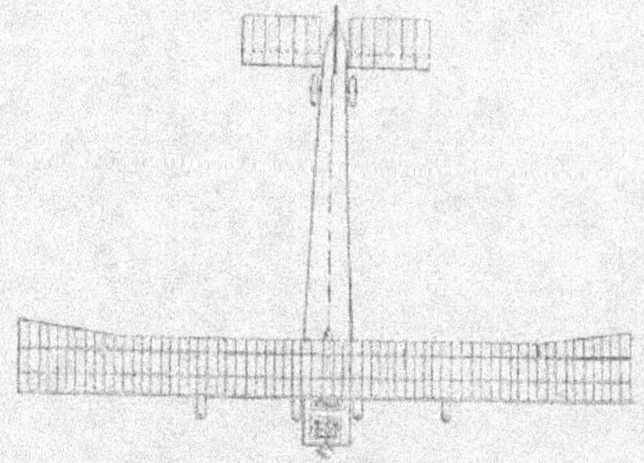

Le triplan Astra.

L'essieu est en outre à chaque extrémité, près des roues, relié au montant par deux jambes de force.

Tous les fils de manœuvre qui commandent les organes de direction sont doubles.

ASTRA

Aux renvois, les fils sont remplacés par des chaines.

La Société Astra a fait un biplan très solide et le souci de la sécurité a primé, au détriment du poids et par conséquent de la vitesse. C'est une conception assez rare en aviation mais qui, judicieusement mise en pratique, a donné les résultats les plus encourageants.

Caractéristiques

	Type G	Type CM
Envergure	12m50	12m32
Longueur	10m40	10m07
Hauteur totale	3m30	3m35
Surface portante	48m	48m
Poids total sans passagers	500 kg.	675 kg.
Moteur	Renault 50 HP	Chenu Renault 75 HP
Charge utile	300 kg.	600 kg.
Vitesse approximative	85-90	85-95

AÉROPLANES BLÉRIOT

Il est inutile de rappeler aujourd'hui l'historique du monoplan Blériot. Solide et robuste, malgré sa légèreté, il est remarquable par sa stabilité dans le vent et sa merveilleuse souplesse.

Un grand nombre de types ont été établis. Leurs applications diverses nous font un devoir d'en donner les descriptions détaillées.

TYPE XI 50 HP MONOPLACE

Cet appareil, déjà connu, est le prototype d'une série d'appareils qui tout en ayant subi dans leurs détails des modifications restent semblables dans leur ensemble et leur principe.

Fuselage. — Le fuselage est constitué par une poutre rigide en frêne et sapin croisillonnée par des cordes à piano qui viennent s'attacher sur des étriers en forme d'U, ce qui conserve aux montants toute leur solidité; à l'avant est le moteur, un Gnôme 50 HP, entouré d'un carter en tôle qui évite au pilote les projections d'huile.

Derrière sont placés, dans l'ordre, les réservoirs, les appareils de contrôle, les organes de manœuvre et le siège du pilote. Le fuselage n'est entoilé que jusqu'à cet endroit. Sa partie arrière nue par conséquent, se termine par le gouver-

nail de direction de forme carrée, à coins très arrondis. Au-dessous, un stabilisateur rectangle, dont les parties extrêmes, en forme d'ailerons.

Type XI. — Appareil militaire monoplace.

sont mobiles autour d'un axe constituant le gouvernail de profondeur.

Le châssis d'atterrissage. — Le châssis avant à triangle déformable et roues orientables, principe qui se retrouve dans tous les appareils Blériot, est composé d'un cadre rigide formé de deux grandes planches horizontales et de montants en bois et en tubes d'acier qui reposent par un assemblage élastique sur deux roues accouplées et orientables.

Le triangle déformable qui relie les roues au châssis est constitué par les fourches et par les montants verticaux. Les trois sommets articulés du triangle étant, le premier, à l'axe de la roue; le deuxième, à la partie inférieure du tube du châssis et le troisième, disposé à la partie supérieure de ce tube. Des extenseurs en caoutchouc absorbent les chocs à l'atterrissage et pendant le roulement.

A l'arrière, un patin en jonc en forme d'x permet un freinage très rapide au moment de l'atterrissage.

Ailes. — Les deux ailes sont formées chacune de deux longerons en frêne réunis par des nervures en sapin, elles sont haubannées intérieurement par des cordes à piano. Les deux longerons viennent se fixer : l'un cylindrique dans un tube qui traverse le fuselage; l'autre rectangle dans une pièce spéciale faisant corps avec le fuselage, où il est fixé par un boulon.

La cabane où aboutissent les haubans qui supportent les ailes au repos, est constituée par quatre montants formant deux triangles réunis à leur sommet par une traverse et consolidés par des tendeurs. Tous les haubans et attaches des ailes sont renforcés. Les ailes sont gauchissables.

Commandes. — Un volant commande une cloche où viennent se rattacher les fils de commande de profondeur et de gauchissement.

Un palonnier au pied actionne le gouvernail de direction.

Caractéristiques

Envergure : 8m50.
Longueur totale : 7m80.
Surface portante : 14 m².
Poids à vide : 300 kgs (en ordre de marche).
Moteur : 50 HP Gnôme.
Hélice : tractive, diamètre : 2m60; pas : 1m45.
Vitesse : kilom.-h. : 90.

TYPE XI 140 HP TRIPLACE

Cet appareil, étudié pour les besoins du Concours Militaire, ne diffère du précédent que par ses dimensions et quelques détails.

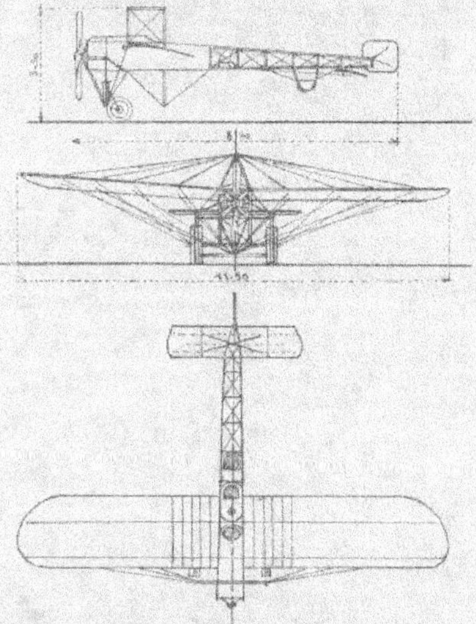

Son envergure a été augmentée.

Le fuselage allongé pour loger les trois aviateurs qui sont placés l'un derrière l'autre, le pilote au centre.

Le châssis d'atterrissage, qui comporte toujours les triangles déformables est surbaissé, puisque sa planche supérieure est placée sous le fuselage. Le moteur Gnôme 140 HP est placé en avant du cadre du châssis.

Son armature est soutenue par deux nouvelles jambes de force en frêne. Les roues sont très robustes et d'une grande surface d'appui, car elles sont constituées de trois jantes rayonnées sur un moyen unique et par conséquent très large.

Caractéristiques

Envergure : 11ᵐ35.
Longueur totale : 8ᵐ50.
Surface portante : 25 m².
Poids en ordre de marche à vide : 515 kg.
Moteur : Gnôme 140 HP.

TYPE XI MILITAIRE 50 HP, MONOPLACE

Cet appareil ne diffère du type XI que par l'équilibreur arrière et la cabane qui supporte les haubans supérieurs.

En effet, les volets qui forment le gouvernail de profondeur, au lieu d'être placés latéralement, sont disposés en arrière de la surface fixe; ils possèdent une arquée négative, ce qui donne à l'ensemble stabilisateur un profil à double courbure.

Ce système d'équilibreur, très puissant cependant, a permis de diminuer l'encombrement de la queue en réduisant son envergure.

La cabane a été remplacée par un pylône formé de deux jambes de force en tubes d'acier solidement haubannées à l'avant et à l'arrière par des tendeurs en corde à piano.

Caractéristiques. — Les dimensions de cet appareil sont sensiblement égales au type XI

TYPE XI-2 — GÉNIE 70 HP, BIPLACE

Cet appareil, légèrement plus grand que le précédent, comporte quelques modifications qui permettent un démontage et remontage très rapide et par conséquent le rendent facile à transporter à la suite des troupes.

Les deux places sont en tandem, le passager, placé derrière le pilote très en arrière des ailes qui sont d'ailleurs très échancrées, peut sans aucune gêne observer le terrain.

Fuselage. — Le pilote et son passager sont complètement abrités de l'air et des projections d'huile par un capot. Un réservoir supplémentaire peut être substitué à l'observateur. L'empennage est semblable au type XI militaire.

Châssis d'atterrissage. — Le châssis avant n'a pas changé, seul le patin en x est remplacé par une béquille articulée en frêne, maintenue en son milieu par une charnière en acier et dont la partie supérieure porte un extenseur en caoutchouc.

Dans le châssis avant, les extenseurs sont maintenus par un mode d'agrafe qui permet de les libérer très facilement à l'aide d'un levier; les roues peuvent alors remonter en arrière et l'appareil vient reposer sur son châssis, ce qui facilite la visite du moteur et aussi le rend beaucoup moins encombrant pour son transport. Les ailes sont échancrées vers l'arrière pour augmenter le champ de visibilité.

Caractéristiques

Moteur : 70 HP Gnôme, type Gamma.
Envergure : 9ᵐ,70.
Longueur : 8ᵐ,30.
Surface portante : 18ᵐᵐ
Hauteur : 2ᵐ,50.
Poids à vide : 320 kg.
Charge utile : 230 kg.
Essence : 75 litres.
Huile : 25 litres.
Vitesse : 110-115 km-heure.

Encombrement de l'appareil démonté, extenseurs dégrafés pour le transport sur route. Remontage en état de vol en 25 minutes par 4 hommes.

Longueur : 7m,50;

Largeur : 1m,70;

Hauteur : 2m,25.

TYPE REPLIABLE ARTILLERIE 50 HP MONOPLACE

Cet appareil, semblable en forme et dimensions au type XI militaire, comporte les facilités de démontage du type Génie ainsi que la béquille articulée.

De plus, grâce à un nouveau dispositif, le fuselage se replie en deux un peu en arrière de la béquille sans déranger ni dérégler aucune commande; ce qui diminue son encombrement et facilite son transport sur les voitures militaires.

Comme dans le type Génie, le châssis peut être abaissé en libérant les extenseurs.

Le premier appareil de cette série fut le « Henri Lavedan ». Le capitaine Echeman pilotant cet appareil, fit à Étampes, le 14 mai 1912, une chute mortelle occasionnée par une trop grande incidence du stabilisateur. A la suite de cet accident les modifications nécessaires ont été apportées à ce type d'appareil.

Le gouvernail de direction qui, dans les types précédents dépassait également au-dessus et au-dessous de la poutre du fuselage, est coupé au bas de celle-ci suivant une oblique se dirigeant vers le haut suivant un angle d'environ 20°, ce qui assure une grande liberté au gouvernail de profondeur, constitué par un volet mobile faisant suite à un plan stabilisateur fixe.

L'envergure de ce plan stabilisateur a été, d'ailleurs, diminuée pour permettre à l'appareil d'entrer tel dans les fourgons du matériel réglementaire.

TYPE XXI, 70 HP, BIPLACE COTE A COTE

Construit suivant un principe un peu différent, ce monoplan est remarquable par sa silhouette gracieuse et ses lignes pures.

Fuselage. — Le fuselage, quadrangulaire à l'avant, est constitué d'une poutre croisillonnée s'aplatissant vers l'arrière jusqu'à se confondre avec l'empennage, annulant ainsi les perturbations d'équilibre dues à la dérive sous l'action d'un vent de côté.

Cette forme qui affine la partie arrière de l'appareil et diminue la résistance à l'avancement, lui donne une silhouette gracieuse et élégante.

A l'avant, le moteur placé sur un bâti spécial, est renfermé dans un capot qui, se prolongeant, abrite complètement les réservoirs et la partie

avant de la nacelle contenant les instruments et organes de conduite.

Les deux places sont côte à côte; une trappe placée devant le siège de gauche facilite l'accès. La cabane supérieure et le pylône sont constitués chacun de deux béquilles où sont fixées les poulies.

Le fuselage complètement entoilé comporte à l'arrière un empennage en queue de poisson légèrement portant, terminé par un volet formant gouvernail de profondeur; ce volet est commandé par des leviers doubles en acier forgé. Toutes les toiles de l'appareil sont lacées, y compris celles qui dissimulent la liaison articulée du stabilisateur au gouvernail de profondeur.

La direction est assurée par un gouvernail en forme de triangle à coins arrondis placé au-dessus du fuselage un peu en avant du gouvernail de profondeur.

Ailes. — Les ailes du type habituel sont constituées par des nervures en frêne croisillonnées, supportées par deux longerons : le premier à l'avant est cylindrique et se fixe dans un tube qui traverse le fuselage; le deuxième à section rectangulaire est encastré et boulonné dans une pièce spéciale faisant corps avec le fuselage. Les ailes sont soutenues au-dessus par six câbles d'acier chacune, qui se rattachent au pylône formé, ainsi que nous l'avons dit, de deux béquilles en tube à section fusiforme.

Au-dessous, le haubanage comprend de chaque côté, trois câbles et trois haubans gauchisseurs

BLERIOT

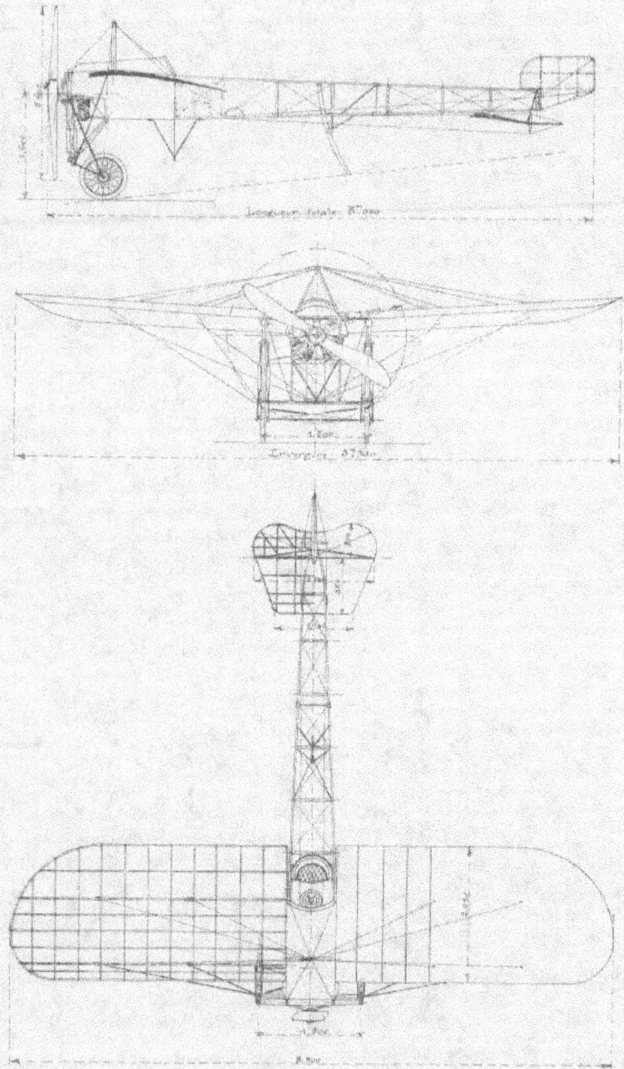

Type repliable artillerie 50 HP, monoplace.

commandés par les poulies de la béquille inférieure.

Le gauchissement assure la stabilité latérale.

Châssis d'atterrissage. — Le châssis d'atterrissage à triangles déformables et roues orientables est surbaissé.

Sous le stabilisateur une béquille en x très basse, ce qui augmente l'incidence des ailes et permet d'arrêter très rapidement l'appareil.

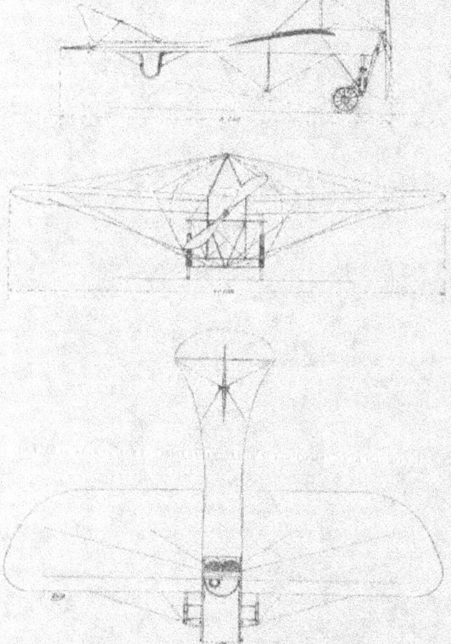

Commandes. — Les commandes peuvent être indifféremment maniées par le pilote et par le passager. La cloche commande toujours la profondeur et le gauchissement; elle est accessible des deux sièges. Pour la direction le pilote dispose d'un palonnier et le passager de deux pédales.

Les appareils et instruments de contrôle sont placés sur une barre et peuvent être déplacés à volonté.

Caractéristiques

Moteurs : 70 HP Gnôme.
Envergure : 11 mètres.
Longueur : 8m,24.
Surface portante : 25 mètres.
Poids à vide : 330 kg.
Essence deux réservoirs : 113 litres (78 + 35).
Huile : 35 litres.
Vitesse : 90-95 km.-heure.

TYPE XXIV BERLINE 140 HP, 5 PLACES

Cet appareil construit pour M. Henri Deutsch, de la Meurthe, est le premier essai de carrosserie aérienne.

Quoique étant monoplan, il rappelle par ses lignes, sa construction et son équilibrage, le type biplan.

En effet, il comporte un gouvernail de profondeur avant. Au centre une voiture monoplane, le châssis d'atterrissage, le siège du pilote avec les organes de commande, la cabine des passagers et le groupe moto propulseur. A l'arrière une queue stabilisatrice monoplane et le gouvernail de direction.

Châssis d'atterrissage. — Le châssis d'atterrissage du type Blériot, à triangles déformables, est considérablement renforcé, présente une voie de 3 mètres. Les roues ont un diamètre de 0m,70 et les extenseurs sont doublés. Sur la planche du bas repose la cabine et la planche supérieure porte les ailes.

Carrosserie. — La carrosserie qui caractérise cet appareil est constituée d'une cabine pouvant contenir quatre passagers se faisant vis-à-vis. Construite par Rotschild et fils, elle est complètement fermée et donne une impression très luxueuse. Deux portières latérales y donnent accès; ces portes ont des fenêtres à glissière qui peuvent être à volonté ouvertes de l'intérieur.

Les fenêtres sont faites en celluloïd ininflammable. A l'intérieur, les sièges et les parois sont rembourrés de coussins à air, destinés à protéger les passagers dans les atterrissages brusques.

Pilote et commandes. — Le plancher de la cabine est prolongé en avant pour supporter le pilote. Un tube acoustique lui permet de communiquer avec l'intérieur de la cabine. Un cône en mica placé devant lui le met à l'abri de l'air. Les organes de commande sont constitués de la cloche et du palonnier comme dans les autres appareils.

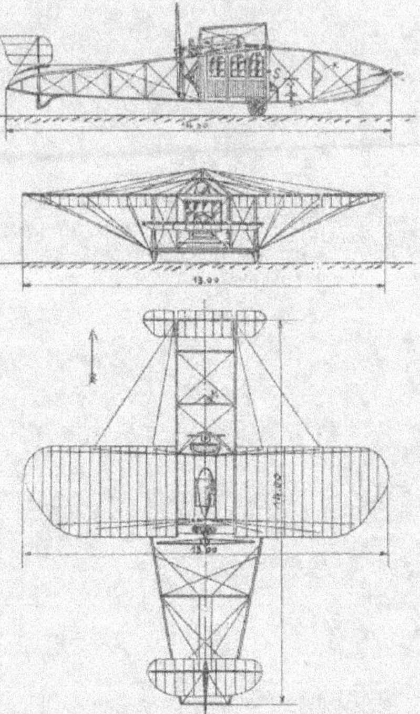

Gouvernail de profondeur. — Quatre longerons partant des angles de la cabine supportent à l'avant un gouvernail de profondeur en drapeau mobile autour d'un axe placé au 1/3 avant, dont la forme et le profil rappelle celui de la voilure.

Ce gouvernail a 4 mètres 40 d'envergure sur 1 mètre 36 de profondeur.

Ailes. — La voilure est constituée par deux ailes qui ont le profil et la forme de celles du type XI. Elles ont une profondeur de 3 mètres 25. Au repos, chaque aile est maintenue par trois câbles tendeurs qui s'attachent au sommet avant d'une cabane rectangle en acier qui est de la grandeur de la cabine; trois câbles gauchisseurs coulissent sur des poulies fixées à la partie arrière de cette cabane.

Au-dessous, l'aile porte l'appareil en vol au moyen de trois haubans et de trois câbles gauchisseurs commandés par la cloche.

L'angle d'incidence de l'aile est de 6°.

Un réservoir est placé au-dessus de la cabine.

Moteur. — Un bâti spécial monté derrière la cabine supporte un moteur Gnôme de 140 HP, actionnant une hélice de 3 mètres de diamètre.

Gouvernail de direction. — Quatre longerons suffisamment écartés pour permettre la rotation de l'hélice, supportent à l'arrière un plan stabilisateur à incidence variable de 4 mètres 40 d'envergure et de 1 m. 50 de profondeur, au-dessus duquel pivote le gouvernail de direction.

Un patin est placé au-desous pour freiner à l'atterrissage.

Caractéristiques

Envergure : 13 mètres.
Longueur : 14ᵐ70.
Surface portante : 41 m².
Poids à vide : 725 kg.
Vitesse : 85 km.-heure.

AÉROPLANES BOREL

Le monoplan Borel, un des plus rapides en proportion de la puissance de son moteur est aussi un des plus perfectionnés au point de vue sécurité.

Ses qualités en vol sont remarquables. La première d'entre toutes est une parfaite obéissance aux commandes. Il doit sa souplesse aux dispositions suivantes :

Concentration des masses et abaissement de l'axe de traction.

Absence de dièdre.

Voilure à centre de pression rétrograde et à envergure croissante.

Corps fuselé.

Légèreté de l'appareil et excès de puissance motrice.

La concentration des masses a été obtenue en élevant le centre de gravité jusqu'à ce qu'il coïncide sensiblement avec le centre de pression et aussi en rapprochant le pilote du moteur.

Au point de vue sécurité, le constructeur a cherché à dégager le pilote; à cet effet, tout le pylône qui supporte le haubannage supérieur a été rejeté vers l'avant Les commandes sont doublées et toutes les pièces d'acier qui entrent dans la construction de l'appareil sont forgées. Seules les pièces qui ne compromettent en aucune façon la solidité du monoplan sont fondues.

Fuselage. Le fuselage à section quadrangulaire est entièrement en frêne. Les montants ne comportent aucun trou; les fils tendeurs étant supportés par des cornières en tôle d'acier.

BOREL

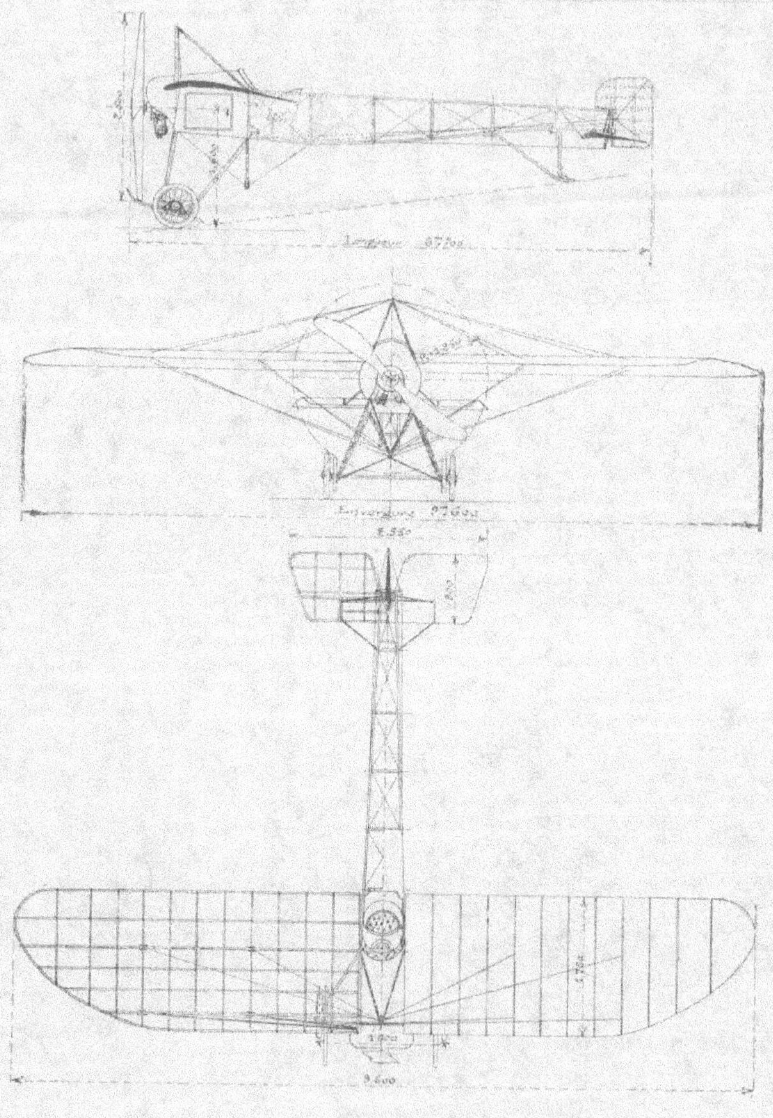

Le fuselage est complètement entoilé; un capot met le pilote à l'abri de l'air et des projections d'huile.

Une cabane en forme de pylône irrégulier à quatre montants, ceux qui sont placés vers l'avant étant verticaux, sert d'attache aux câbles supérieurs de haubannage.

A l'avant, un moteur rotatif Gnôme, placé en porte-à-faux est fixé par un seul écrou, ce qui permet de changer très rapidement l'hélice et le moteur.

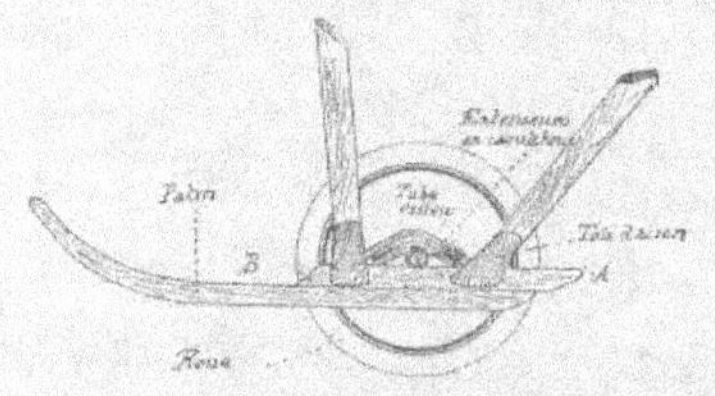

Gouvernails. — Le corps du fuselage se termine à l'arrière par le gouvernail de direction vertical.

Le stabilisateur portant est placé sous le fuselage vers l'arrière et supporté par quatre tubes d'acier. Il se compose d'une petite surface rectangulaire fixe encadrée sur trois faces par un volet mobile formant gouvernail de profondeur.

Ailes. — Les ailes du Borel sont caractérisées par leur grand « allongement », c'est-à-dire par le rapport très grand qui existe entre leur envergure et leur longueur antéro-postérieure.

De plus, leur faible courbure et leur faible incidence permettent à l'appareil d'atteindre de grandes vitesses avec une puissance relativement petite.

D'autre part, l'arrondi de leurs extrémités a été déterminé très soigneusement, la plus grande envergure étant vers l'arrière.

Ainsi, les pertes marginales étant diminuées, le rendement de la machine, à surface égale, se trouve augmenté; et le centre de pression s'éloigne du bord d'attaque à mesure que l'on s'éloi-

gne du fuselage, l'appareil présente le V latéral qui lui assure une parfaite stabilité longitudinale.

Les ailes sont gauchissables, et la grande envergure se trouvant vers l'arrière, le gauchissement se montre plus énergique et son action plus immédiate.

Train d'atterrissage. — Le châssis d'atterrissage se compose de quatre jambes de force en frêne, supportant deux patins de même matière relevés vers l'avant en forme de ski, auxquels l'essieu supportant deux roues de 650 ^{mm} est relié par deux amortisseurs en caoutchouc.

Les câbles de gauchissement doublés ainsi que les haubans qui supportaient les ailes sont portés par une entretoise en tubes d'acier.

Commandes. — Les organes de direction sont commandés par un levier pour le gauchissement et la profondeur et le gouvernail de direction par un palonnier au pied.

Démontage. — Une des plus grandes qualités du Borel est la grande facilité de démontage et de remontage.

Le repliage s'opère de la façon suivante : il suffit de retirer un seul axe pour libérer tous les câbles supérieurs.

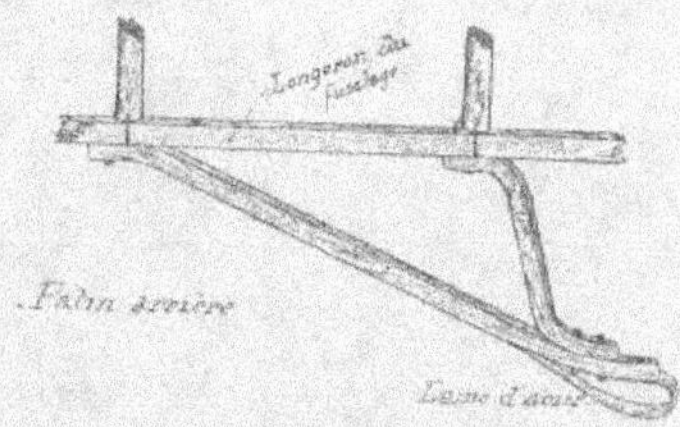

Les haubans qui soutiennent les ailes au repos sont terminés par des oreilles, dont l'une des extrémités recourbée en V renversé s'accroche sur le champ d'une tôle immobilisée au sommet de la cabane. Entre les U passe une chappe soutenant les poulies des câbles de gauchissement.

Le boulon-axe étant retiré, les ailes sont encore soutenues par les pièces à crochet; or, ces pièces étant alors indépendantes, on décroche les ailes l'une après l'autre.

Les ailes sont articulées dans une chappe-cardan et se replient le long du fuselage où elles sont fixées par un des boulons qui supportent les câbles de gauchissement.

Le stabilisateur se démonte de la même manière et se place sur le fuselage. Aucun réglage n'ayant été touché, le remontage est des plus rapide.

Caractéristiques

	Type tourisme	Type militaire
Nombre de places........	1 place	2 places
Moteur..................	50 HP Gnome	70 HP Gnome
Longueur totale.........	6m85	8m
Envergure...............	9m08	12m
Surface flottante........	14m²	20m²
Poids à vide............	250 kg.	270 kg.
Charge utile............	200 kg.	300 kg.
Consommation) Essence	18 litres	25 litres
aux 100 km.) Huiles..	4 kilos	7 kilos
Vitesse à l'heure........	110 km.	95-100

HYDROPLANES DONNET-LÉVÊQUE

Un appareil tout récent, mais dont les succès ont eu un certain retentissement, tant par la personnalité de l'aviateur (Beaumont) qui l'a piloté que par les qualités remarquables qu'il possède par lui-même, est l'hydro-aéroplane construit par MM. Donnet et Lévêque, à Juvisy.

Il y a une différence radicale entre le « Donnet-Lévêque » et les autres hydro-aéroplanes. En effet, on a coutume de prendre un bon aéroplane terrestre, et d'y adapter des flotteurs. Ici, la partie marine n'est pas venue après coup, mais fait partie intégrante de la machine.

L'appareil, en lui-même, est un biplan sans équilibreur avant. Par son centrage, il rappelle un peu le « Blériot XIII » de janvier 1911.

Le fuselage n'est autre chose qu'une coque d'hydroplane portant le pilote, le passager, les organes de commande, et les organes de direction. Tout l'intérêt principal de l'appareil réside dans ce canot.

Hydroplane. — C'est le type habituel de l'hydroplane. Il comporte un redan très prononcé; mais avec une section arrière plus fine que celle que l'on est habitué à rencontrer sur un appareil purement nautique. En avant du redan, les faces latérales sont sensiblement verticales; le fond est légèrement incurvé et vient se raccorder à l'avant avec le dos.

Vers l'arrière, le corps devient de section triangulaire; la base étant à la partie inférieure et formant ainsi le fond de la coque qui est à peu près plat du redan à l'extrémité arrière.

Un « cockpit » avec place pour deux personnes, est ménagé dans la coque, le pilote étant devant et le passager immédiatement derrière

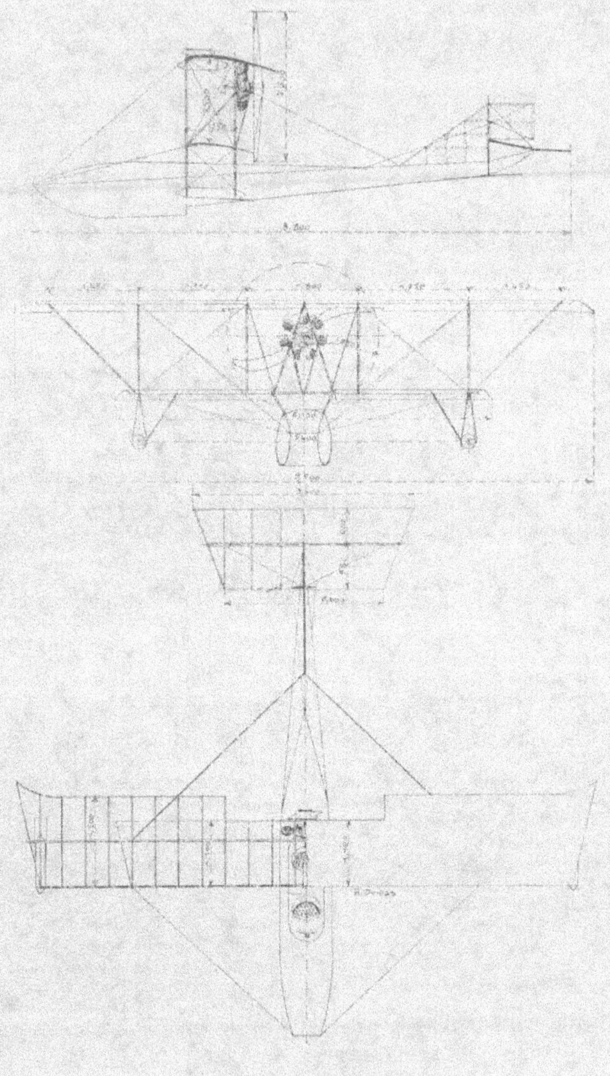

lui. Le partie avant du fuselage forme compartiment étanche. De même pour la partie arrière.

L'appareil ainsi établi est absolument insub-
mersible, même dans le cas où, par mer agitée,
le compartiment central se remplirait d'eau.

Il est inutile de dire que la coque, établie par
un spécialiste, est en acajou contreplaqué. Sa
longueur est de 8m800. Les gouvernails et empennages fixés à l'arrière sont surélevés pour ne
pas freiner l'appareil lorsqu'il se déjauge.

Cellule. — La cellule est fixée à l'hydroplane
par quatre solides montants de bois disposés au-
dessus de la place du passager.

Elle se compose de deux surfaces d'inégale
envergure: l'envergure du plan supérieur est de
9m500. La surface totale est de 17 mq.

La projection horizontale des ailes affecte la
forme d'un trapèze, pour éviter les pertes marginales. Aux extrémités du plan inférieur se trouvent deux tampons qui l'empêchent de prendre
contact avec l'eau à l'atterrissage.

À l'arrière, et entre les plans, se trouve le
moteur, un « Gnôme » de 50 HP, actionnant
l'hélice en prise directe. Le moteur est monté
sur une charpente spéciale, disposée de telle
façon qu'en cas d'atterrissage brusque, il ne
puisse blesser les aviateurs.

Ce moteur est reçu dans un châssis triangulaire, la base du triangle étant le longeron arrière
du plan inférieur et les deux autres pièces se re-

joignant au milieu du longeron du plan supérieur. La plaque d'acier embouti recevant la flasque avant du moteur est placée à peu près au
tiers supérieur.

Sa position exacte a une importance considérable, et n'a été déterminée qu'après de nombreuses expériences. Pour supporter la flasque
arrière du moteur, il y a un second arrangement
formé de deux tubes d'acier réunis à leur base
au centre du longeron d'aile, et aux montants de
la charpente précédente.

Il y a très peu de jeu entre les culasses des cylindres du moteur et l'aile supérieure; aussi a-
t-il fallu entailler celle-ci pour permettre le passage de l'hélice.

Le réservoir d'essence est suspendu juste au-
dessous du plan supérieur, devant le moteur, et
le réservoir d'huile est au-dessus de lui, au sommet de l'appareil.

Empennage et gouvernails. — L'empennage
comprend un surface fixe, de forme trapézoïdale,
très peu arquée, et un équilibreur d'une seule
pièce. Le gouvernail de direction, qui est rectangulaire avec les deux coins arrière légèrement arrondis, a devant lui un empennage vertical dont
la base est en contact avec l'arête supérieure du
fuselage.

La Société Donnet-Lévêque construit deux types
d'appareils : un petit biplan à deux places muni
d'un 50 HP Gnôme et un grand modèle pourvu
du 80 HP.

Un troisième type de machine est en construction; sa surface sera plus grande et le fuselage
plus volumineux, comprendra assez de place
libre pour loger quatre personnes.

Résumé des caractéristiques

Surface portante : 17 mq.
Poids à vide : 290 kgs.
Envergure supérieure : 9m500.
Envergure inférieure : 5m200.
Longueur : 8m800.
Puissance : 50 HP.
Vitesse : 110 kilom.-heure.

H. FARMAN

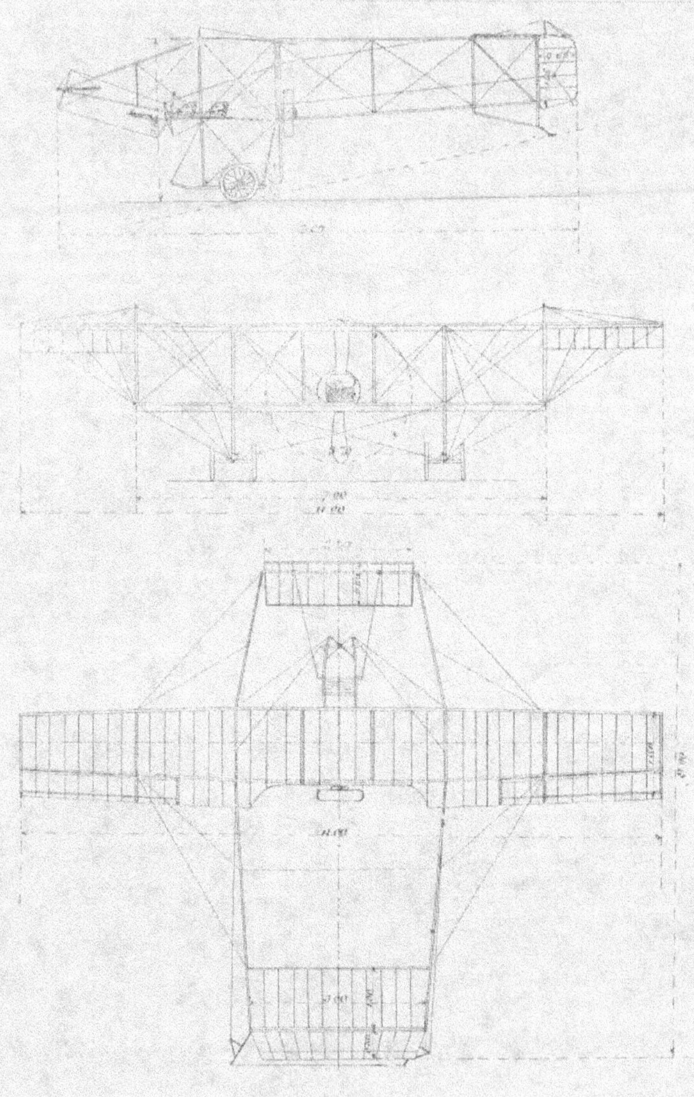

AÉROPLANES H. FARMAN

Depuis plus de quatre ans, les frères Farman construisent des aéroplanes et se sont attachés à suivre dans l'établissement de leurs appareils tous les progrès que chaque jour apporte à l'aviation.

C'est en octobre 1907 que le premier Farman battit un record, par 300 mètres, puis ce furent : le premier voyage de Bouy à Reims, le prix Michelin du Puy-de-Dôme, le circuit Européen et surtout les brillantes sorties de nos aviateurs militaires, que les qualités remarquables de stabilité et de robustesse des Farman ont particulièrement attirés.

Les appareils Farman sont essayés sur les deux aérodromes d'Étampes et du camp de Châlons.

Le nombre de modèles établis par M. H. Farman est assez difficile à fixer, car d'heureuses modifications surgissent chaque jour.

Cependant, on peut distinguer cinq types différents, non pas en principe, mais dans la forme appropriée à leur usage.

Le type militaire courant est construit en série; il résume en quelque sorte toutes les idées personnelles de nos constructeurs. Nous en donnerons plus loin la description.

Le type militaire rapide offre le minimum de résistance à l'avancement et une grande facilité de démontage. Il a une puissance ascensionnelle fort grande, peut porter une charge utile de 225 kgs, et ne comporte que des matériaux peu sensibles aux variations de température. Il est tout indiqué pour les vols en pays chauds et aux colonies.

Le type de course monoplace se différencie sensiblement des précédents, en ce sens qu'il ne comporte pas d'équilibreur avant et que l'empennage, au lieu d'être vellulaire, est monoplan.

Cet empennage, à l'arrière duquel se trouve un

double gouvernail de direction, suffit à l'équilibre longitudinal et l'aéroplane est ainsi délivré d'une résistance assez considérable à l'avancement.

Le châssis, du type de course, est aussi fort bien conçu et la double crosse béquille à amortisseur donne à l'arrière toute protection dans les atterrissages.

L'appareil est muni de la direction centrale à double commande directe.

Le siège baquet, installé à l'avant des plans, est très suffisamment confortable et la rapidité du démontage, qui peut se faire en une heure au maximum, classe cet appareil parmi les plus appropriés au tourisme rapide.

Le type de course biplace est de construction semblable à celle du précédent; c'est le type exhibition avec passager.

L'envergure plus grande et le renforcement de certaines parties constituent les seules différences entre le militaire et le biplan de course.

Notons que M. Farman a prévu le rabattement des surfaces de façon à en réduire l'encombrement à 7 mètres, pour faciliter le transport.

Enfin, dans le *type grand tourisme*, les dimensions ont été considérablement augmentées. La capacité de charge utile a été portée à 450 kilogrammes, la vitesse moyenne étant de 70 kilomètres à l'heure, avec un moteur de 70 chevaux seulement.

Nous donnons à la fin de cette notice les caractéristiques des cinq appareils ci-dessus.

Bien que M. H. Farman soit un fervent du biplan, il a construit un *monoplan*, dont les essais et les vols ont été fort appréciés.

Ce qui distingue cet appareil est la rigidité absolue des ailes, non gauchissables, et par conséquent, indéformables.

Le fuselage, très robuste, entièrement fermé, se présente parfaitement au point de vue esthétique et offre avec le minimum de résistance à l'avancement, un mode de fixation du moteur tout à fait spécial.

Le moteur est, en effet, confondu avec le fuselage, lequel supporte un carter à turbine, et entraînement d'huile par l'échappement.

Ainsi sont assurées : d'une part, la réfrigération maximum et d'autre part, la protection du pilote contre les projections d'huile.

Le châssis, du même type que celui des biplans, possède les mêmes avantages pour le pilote, et les commandes, comme dans le biplan militaire, sont soumises à un seul levier central.

DESCRIPTION DU BIPLAN MILITAIRE

Ailes ou cellule. — Les ailes ont une envergure de 15ᵐ50; cependant, l'aile inférieure est en retrait sur l'aile supérieure, prolongée à ses deux extrémités par deux plans à rabattement, de 2ᵐ50 environ. Quelques modifications ont été ap-

portées à la construction des ailes; elles sont renforcées par un équarrissage plus fort donné aux longerons, vers le centre de l'appareil; de plus, le nombre des nervures courbes a été porté de 3 à 4 par mètre courant. Enfin, les attaches avec la poutre de réunion qui constitue le fuselage, ont été transformées par l'emploi exclusif du métal.

Les deux plans sont entretoisés par des tubes d'acier de 2 mètres de hauteur.

La longueur antéro-postérieure des surfaces est de 2 mètres.

L'angle d'attaque est de 6 degrés.

Fuselage. — Le fuselage se compose de tubes métalliques, heureusement substitués aux anciens longerons en bois.

La longueur en a été réduite de près de 1m50. Il mesure 7m35, cellule arrière comprise.

Châssis. — Le châssis a été fort simplifié et renforcé par l'adjonction de deux barres métalliques fixées sous les deux poutres formant le dispositif de patinage et travaillant à éviter le flambage des patins, en cas d'atterrissage brusque.

La suspension élastique sur roues caoutchoutées a été maintenue.

Empennage. — L'empennage arrière est constitué ici par un plan unique de surface, alors qu'il est cellulaire dans les types de course.

Son angle d'attaque est presque nul.

Cet empennage n'est pas porteur et ne réagit aucunement sur les variations d'incidence en montée ou en descente.

Gouvernail d'altitude. — Le gouvernail d'altitude comporte un équilibreur placé à l'avant de l'appareil et, dont l'action conjuguée avec celle du plan arrière, assure une parfaite régularité d'ascension.

La surface totale de cet organe est d'environ 2 mq. 500.

Stabilisateur transversal. — L'équilibre transversal est assuré par deux ailerons qui assurent la création d'un couple de redressement lorsque le pilote les manœuvre opportunément dans un virage ou contre le vent.

Propulseur. — Les résistances passives ayant été diminuées, la force de propulsion nécessaire a été sensiblement réduite depuis le début. un moteur de 50 chevaux assure parfaitement la propulsion d'un biplan Farman militaire, à une vitesse de 80 kilomètres à l'heure.

Le moteur, placé à l'arrière du plan inférieur, en parfaite connexion avec l'avant de la poutre de réunion, commande en prise directe une hélice de 2m60 de diamètre, tournant à la vitesse de 1200 tours.

Les accessoires et réservoirs reposent sur le plan inférieur même, en arrière du pilote.

Commandes. — Le pilote, assis à l'avant du plan inférieur, et en dehors, voit absolument toute la région sur laquelle il plane et se trouve dans un siège aussi confortable que possible.

Il commande par levier central les mouvements d'altitude et d'équilibre transversal, la direction restant au pied.

Gouvernail de direction. — Le gouvernail de direction est double et constitué par deux plans verticaux mobiles sous l'empennage arrière.

Nous donnons ci-dessous les principales caractéristiques des aéroplanes Henri Farman.

Type	Mètres Envergure	m. carrés Surface	Mètres Longueur	Mètres Hauteur
Militaire	15 60	56	11 05	3 70
Militaire rapide	12	44	9	2 60
Course	9	34	6 50	2 80
Course deux places	12	40	6 50	2 80
Grand touriste	20	68	13 80	3 30
Monoplan	10	22	7 50	2 80

Type	Chevaux Puissance du moteur	Mètres Diamètre de l'hélice	Mètres Pas de l'hélice	tours et vitesse Vitesse en tours p. m.
Militaire	50	2 60	1 80	1200
Militaire rapide	50	2 50	1 80	1400
Course	50	2 60	1 80	1400
Course 2 places	50-70	2 60	2	1400
Grand touriste	70	2 60	2	1200
Monoplan	50-140	2 50	2	1500

Type	Kilos Vitesse de l'appareil	kilos Poids monté (1 pilote)	Kilos Poids porté par m. q.
Militaire	65/70	470 kil.	9 kil.
Militaire rapide	90/95	330 kil.	8 kil.
Course	95/100	295 kil.	9 kil.
Course 2 places	90/95	310 kil.	8 kil.
Grand Touriste	70	1000 kil.	15 kil.
Monoplan	100/110	325 kil.	16 kil.

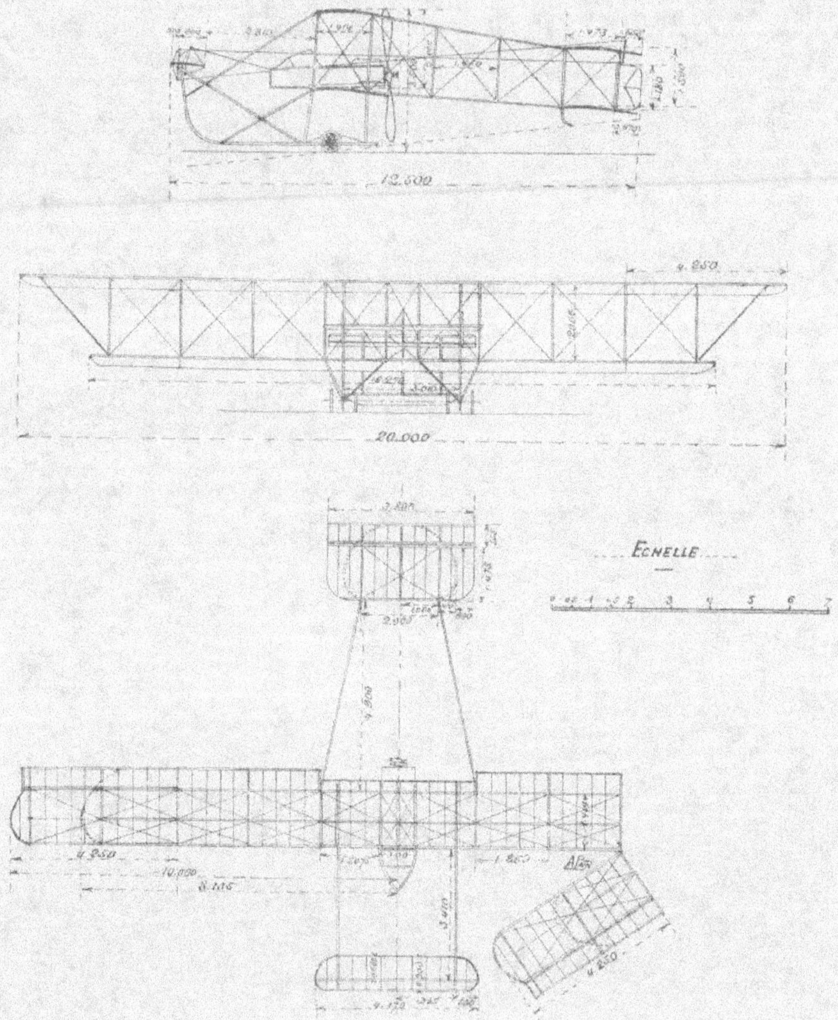

12.500
20.000
4.850
ECHELLE
4.950
10.000
AER
4.250

AÉROPLANES M. FARMAN

Il n'y a peut-être aucun aéroplane qui ait connu, en France, un succès aussi persistant que le « Maurice Farman », non seulement au point de vue tourisme, mais aussi au point de vue des applications militaires. C'est l'un des rares biplans qui se soit toujours dérobé à l'influence du monoplan.

Dans son ensemble, cet appareil, ainsi qu'on le peut voir d'après le dessin d'ensemble, a conservé exactement la même ligne qu'il possédait déjà il y a un ou deux ans. Il a conservé les deux équilibreurs avant et arrière combinés, la stabilisation par ailerons compensés, l'abaissement du centre de gravité, le fuselage ouvert.

Au point de vue des détails, cependant, des progrès considérables ont été accomplis.

Cellule. — La cellule se compose de deux plans inégaux, dont les extrémités sont arrondies.

Ces plans sont réunis entre eux par deux séries de montants distantes de 1m414. La distance verticale des plans est de 2 mètres.

Au point de vue constructif, divers détails sont à noter : les montants extrêmes sont préservés contre le flambage par une armature constituant

une véritable ferme dans laquelle l'arbalétrier est formé par le montant, et l'entrait par un ensemble de deux cordes à piano à tension réglable, attachées d'une part aux sabots de tête du montant, et d'autre part à l'extrémité d'un poinçon formé d'un petit tube d'acier fixé perpendiculairement au montant et en son milieu, dans le plan de front de la cellule.

D'ailleurs, tous les montants sont reliés entre eux, au milieu de leur longueur, de sorte que leur longueur libre est, en réalité, diminuée de moitié.

En raison de la très grande envergure du plan supérieur, l'emploi des plans rabattants s'est imposé, pour pouvoir garer le biplan dans les hangars de dimensions normales.

Les plans rabattants sont supportés par de légers tubes d'acier fixés à l'extérieur du sabot extrême du plan inférieur (Fig. 1). Le tout est fort joliment arrangé; mais il est plutôt étrange

Poutre de réunion. — Elle comporte quatre longerons réunis par deux séries de montants; les longerons sont ligaturés de distance en distance. Les joints entre les montants et les longerons sont fort judicieusement compris. Le sabot est en acier, très léger, et d'une seule pièce. Le longeron est renforcé au point d'attache (Fig. 6).

Châssis d'atterrissage. — Le châssis est constitué par deux patins protégeant l'équilibreur et portant chacun une paire de roues à suspen-

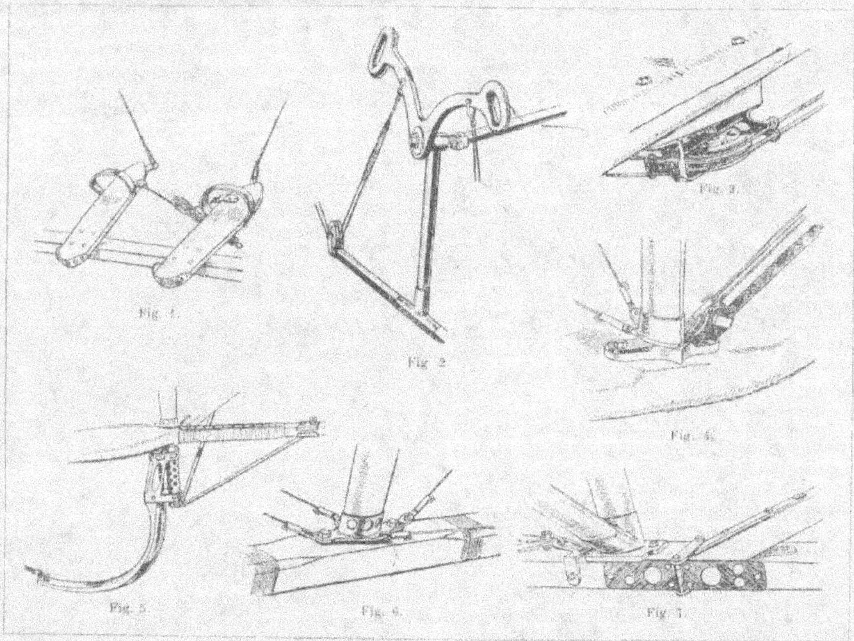

Détails de construction des appareils M. Farman.

de trouver en cet endroit, pour assurer le montage, un boulon et un écrou, alors qu'une simple goupille ferait gagner un temps considérable chaque fois qu'on sort l'appareil du hangar.

Notons enfin que, au contraire de ce qui est adopté par Henry Farman, les ailes des biplans Maurice Farman sont à double surface.

sion élastique. Les détails ingénieux y abondent. C'est ainsi que le joint qui réunit la partie du patin située sous les plans au « ski » protecteur de l'équilibreur forme en réalité une double charnière qui est, de fait, parfaitement rigide.

La façon habile dont est fixée aux deux axes de ces charnières, la ferrure retenant la contrefiche de l'armature antérieure est absolument remarquable (Fig. 7). Dans le même croquis, voir le joint d'assemblage des montants du châssis et le joint universel qui retient les tirants fixant les roues.

A propos de l'armature antérieure, noter les joints croisés, obtenus en entaillant les pièces à mi-bois. Ces joints sont englués, ligaturés et consolidés par de légères ferrures en acier.

Queue. — La surface des plans d'arrière et des gouvernails est relativement considérable.

L'équilibreur d'arrière est combiné avec celui d'avant. Entre le plan fixe et le volet, la toile est laissée flottante. Par la vitesse, d'ailleurs, elle s'applique sur le joint et forme une surface ininterrompue en comblant l'espace nécessité par l'installation des charnières. Les ailerons stabilisateurs sont traités d'une manière similaire.

Tandis que le plan supérieur de l'empennage est constitué suivant la même ligne que les surfaces principales (rectangulaire et arrondi au bord d'attaque), le plan inférieur affecte sensiblement la forme d'un cœur.

D'ailleurs, dans le « Maurice Farman », la forme rectangulaire, qui donne tant de lourdeur apparente à la généralité des biplans a été partout atténuée, par pure raison d'esthétique, semble-t-il, et même remplacée par l'emploi de lignes courbes.

Des patins élastiques protègent l'empennage. Ces patins (Fig. 5) qui sont fixés à un tube d'acier très court, fortement maintenu par des jambes de force en tubes de faible section, sont orientables et retenus par des extenseurs. Ils sont complétés par des sabots métalliques très minces qui ne leur retirent rien de leur élasticité, et le soin qui a été apporté à leur construction montre bien que les plus petits détails ont été admirablement étudiés.

Commandes. — Les commandes, autrefois assurées par un volant à translation, ont été modifiées. Le volant est remplacé par un système de deux poignées, auxquelles sont fixés les câbles doublés qui actionnent les ailerons. Par l'oscillation de ces poignées à droite et à gauche, le pilote assure l'équilibre transversal de son appareil. (Fig. 2).

L'emploi de poignées présente divers avantages : d'abord, moins encombrantes que le volant, elles évitent aux pilotes la fatigue des jam-

bes en lui laissant la place pour remuer les genoux ; ensuite, elles permettent la direction de l'appareil, grâce à leur forme, même si l'aviateur a les doigts à moitié gelés par le froid ou recouverts, au contraire, de plusieurs paires de gants.

Les poignées sont montées sur le tube transversal habituel, et actionnent l'équilibreur, par une commande rigide, dans leur mouvement d'avant en arrière.

A la place du palonnier généralement employé pour le contrôle de la direction, Maurice Farman a adopté un système de deux pédales combinées par un fil de connexion passant sur une poulie fixée au plancher par un ressort. (Fig. 1).

Biplan M. Farman à plans décalés.

Les fils d'ailerons sont guidés par des doubles poulies fixées aux longerons des surfaces par des chapes en acier.

Le poste du pilote est confortablement aménagé dans un fuselage entoilé.

Le réservoir d'essence, placé derrière lui, est disposé pour servir de siège aux passagers éventuels.

Dans les appareils d'école, il existe une double commande permettant l'apprentissage sans risques de casse.

Résumé des caractéristiques

	Biplace	Triplace militaire	Triplace plans décalés
Surface	51m20	70	70
Poids à vide	544 kg.	475 kg.	495 kg.
Envergure supérieure	15m200	20m000	20m000
— inférieure	10m400	16m270	16m270
Longueur totale	12m600	12m500	12m400
Puissance	80 HP	75 HP	70 HP
Vitesse	85 km.	75 km.	75 mk.

HANRIOT

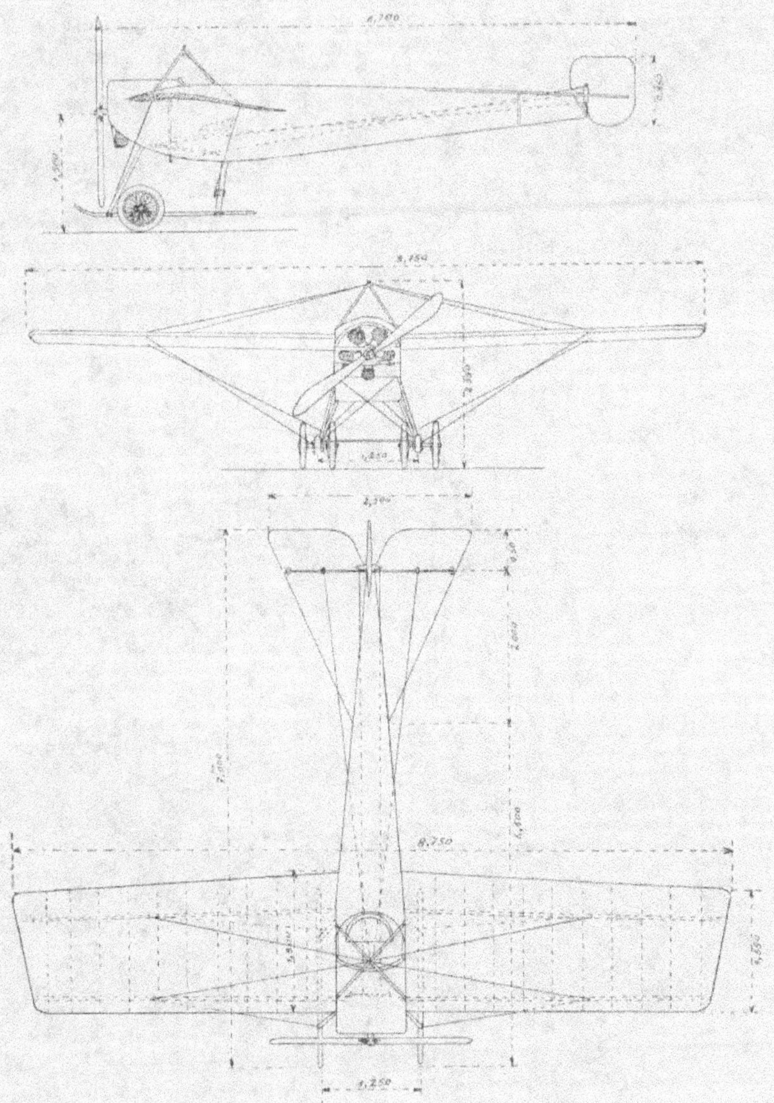

AÉROPLANES HANRIOT

Le monoplan *Hanriot-Pagny* appartient à la catégorie des aéroplanes à centres confondus. L'hélice est tractive, et son axe passe par le centre de gravité de l'appareil.

Construit par l'ingénieur Pagny, cet appareil semble réunir les meilleures qualités, car il remplit les conditions de vitesse, de stabilité de route, de planement, requises pour l'utilisation militaire.

Les causes de résistance passive ont été écartées ou réduites au minimum.

Le fuselage, de section quadrangulaire, est entièrement entoilé. Sa forme assure la moindre résistance, tout en restant compatible avec les exigences de la fabrication et les conditions recherchées de simplicité, de robustesse et d'indéformabilité.

Un léger dièdre aux ailes, un empennage caudal placé très loin du centre de gravité, avec un plan fixe sans incidence, concourent à la stabilité de route, en réduisant au minimum le roulis, le tangage et la dérive.

Les ailes, à double courbure, présentent de bonnes qualités de planement, et leur procédé de montage supprime tout intervalle entre elles et le fuselage.

Ailes. — Les ailes établies sur un principe très intéressant sont repliables le long du fuselage, en vue du transport. Le dispositif de repliage est indépendant de l'aile et du fuselage, et intérieur à celui-ci. Il n'offre donc pas de résistance nuisible. Il est facilement amovible, simple, léger et robuste.

Le repliage des ailes n'entraîne pas leur déréglage. Le réglage est permanent dans la position déterminée. Il peut être obtenu sans difficulté, par exemple à la suite d'une remise en état complète de l'appareil, consécutive à un accident d'atterrissage.

HANRIOT

Les attaches, brevetées, des haubans sur les ailes, sont formées par des demi-colliers à emboîtement. C'est un blocage instantané sans boulons traversant les longerons, permettant en outre l'orientation des chapes dans le sens d'action des haubans pour éviter tout effort de torsion.

Fuselage. — Le fuselage est constitué, à la manière habituelle, par une poutre à treillis comportant quatre longerons entretoisés par des traverses horizontales et verticales et des croix de Saint-André en corde à piano. Un dispositif breveté permet, sans percer ni entailler le bois, d'assurer la liaison des divers éléments du fuselage. Cette disposition consiste simplement en un collier d'acier, serré sur les longerons au moyen de deux bords relevés, formant brides, traversés par deux vis, et muni de saillies dans lesquelles viennent s'emboîter les traverses, et d'oreilles pour recevoir les tirants en corde à piano.

Le pilote est logé à l'intérieur de cette poutre armée; il est confortablement assis sur un siège capitonné, et un capot étanché le protège du froid et des projections d'huile.

Et, comme, par principe, il est très rapproché du moteur, il découvre sans difficulté, devant lui et latéralement, le terrain au-dessus duquel il se déplace.

Empennage. — L'empennage, métallique, est repliable en vue du transport, et son incidence est réglable sur les appareils multiplaces.

Il est assujetti au fuselage par des colliers combinés avec le dispositif d'assemblage des longerons aux traverses et par des jambes de force rigides, de longueur réglable, constituées par des tubes en acier à section elliptique.

Les gouvernails de profondeur sont conjugués.

Châssis d'atterrissage. — L'appareil est supporté par des cadres en tubes d'acier à section elliptique, indépendants, facilement démontables et ne faisant pas saillie sur le fuselage. Les cadres inférieurs, reçoivent le train d'atterrissage, constitué par deux patins en frêne et des roues jumelées orientables. La liaison des patins aux montants des cadres est réalisée par des brides flexibles raidies par des boulons et engagées dans des encoches des patins.

Tout support arrière est supprimé; le freinage se fait sur les crosses arrière des patins, et celles-ci sont renforcées, dans ce but, au moyen d'une lame-ressort en acier.

Commandes. — Les commandes s'opèrent suivant le procédé dont on demande très justement l'application exclusive sur les appareils militaires. Elles comportent : la direction au pied, la profondeur et le gauchissement à la main.

Le gouvernail de profondeur est actionné par un levier qui actionne aussi le gauchissement.

Le gouvernail de direction est actionné par une barre au pied que le pilote pousse à droite pour tourner à droite et *vice versa*.

Tous les mouvements sont basés sur les réflexes du pilote. Le gouvernail de direction se conjugue naturellement avec le gauchissement, à l'action duquel il doit ajouter la sienne, lorsque l'équilibre transversal est compromis d'une manière dangereuse.

Les appareils multiplaces sont pourvus de doubles commandes.

Les commandes sont toutes intérieures au fuselage. Elles ne comportent pas d'accessoires rigides : cabane inférieure ou bielle de renvoi de gauchissement, susceptible, dans le cas d'un atterrissage brusque, de briser les longerons du fuselage et de fausser les leviers de manœuvre.

Ajoutons que l'interchangeabilité des organes est assurée d'une manière absolue, et que toutes opérations de montage, démontage et réparation peuvent se faire très facilement et avec la plus grande rapidité, sans nécessiter l'intervention de spécialistes.

Résumé des caractéristiques

	Type D I Monoplan	Type D It Biplan tandem
Surface alaire	14 mq.	21 mq.
Poids net, sans moteur	225 kg.	270 kg.
Envergure	8m750	10m500
Longueur totale	7m	7m800
Encombrement vertical	2m750	2m850
Moteur	Gnôme 50 HP	Gnôme 70 HP
Hélice	Chauvière 175 × 250	Chauvière 180 × 260
Vitesse horaire	105/115	100/110

AÉROPLANES MORANE-SAULNIER

Au Salon de 1911, l'un des stands les plus remarqués fut celui de Morane et Saulnier. Est-ce à cause de la présence de l'*oiseau de guerre* métallique dont le fuselage de tôle présentait une physionomie monstrueuse? ou bien est-ce à cause de la jolie construction des monoplans de course qui s'annonçaient déjà comme les plus rapides du monde?...

Toujours est-il que les appareils Morane, au triple point de vue vitesse, solidité et stabilité, se classent parmi les meilleurs.

Ailes. — L'une des caractéristiques les plus spéciales de cet appareil est la forme de ses ailes.

Au point de vue géométrique, ce sont des quadrilatères parfaitement irréguliers.

Au point de vue technique, leur périmètre est déterminé de telle manière que les filets d'air qui en attaquent le bord avant ne puissent s'échapper latéralement qu'après avoir fourni le travail maximum. Autrement dit, les pertes marginales y sont réduites au minimum.

Le profil à double courbure des nervures est étudié pour permettre une grande vitesse et une forte sustentation.

Le haubannage est assuré par une série de câbles frappés d'une part au centre de l'essieu fixe du châssis de roulement, d'autre part, au sommet d'une « cabane » supérieure pyramidale, et très basse.

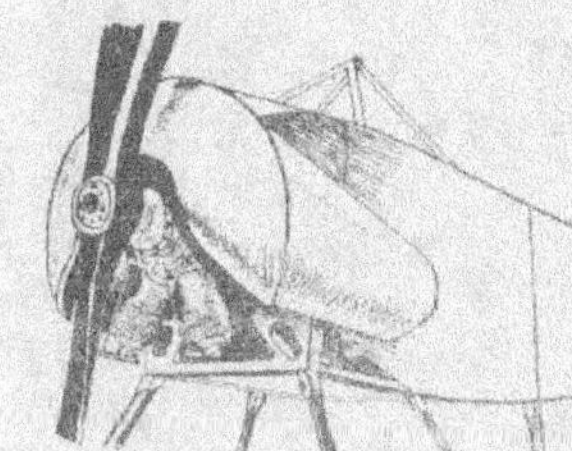

Le gauchissement est commandé par les câbles d'acier fixés au longeron arrière de chaque aile.

MORANE-SAULNIER

et à un renvoi de mouvement articulé frappé au sommet d'un pylône dressé au-dessous du fuselage.

Les ailes ne présentent aucun dièdre.

Fuselage. — Le fuselage est de section quadrangulaire. Sa largeur est de 0m,600 à l'avant et est très faiblement décroissante.

En projection verticale, il est, au contraire, très effilé vers l'arrière, tandis que, à l'avant, il a une hauteur suffisante pour dissimuler entièrement l'aviateur et permettre le montage du moteur Gnôme.

La longueur totale du fuselage est de 5m,500.

Châssis d'atterrissage. — Le châssis présente en élévation, la forme d'un trapèze isocèle, dont la petite base serait la traverse antérieure inférieure du fuselage et la grande base l'essieu aux extrémités duquel sont fixées les roues.

Les montants latéraux, en tubes d'acier carénés, sont fixés à l'essieu tubulaire par un raccord soudé à l'autogène.

L'ensemble est renforcé par deux arc-boutants en tubes d'acier prenant appui sur les longerons inférieurs du fuselage et sur l'essieu et contreventé par deux tubes d'acier qui vont des sommets supérieurs du trapèze au milieu de l'essieu.

C'est au nœud créé en ce point que viennent s'attacher les câbles antérieurs de haubannage des ailes.

Deux puissantes roues sont montées folles en porte-à-faux aux deux extrémités de l'essieu. Leur bandage est fortement assujetti sur la jante.

Une petite béquille supporte l'extrémité arrière du fuselage et protège les gouvernails.

Empennages et gouvernails. — Le fuselage, entièrement entoilé, constitue une dérive suffisante pour dispenser de tout autre empennage vertical.

Le gouvernail de direction, en forme de palette symétrique, est articulé autour d'un axe vertical fixé à l'arrière du fuselage. L'empennage horizontal est constitué par un panneau rectangulaire fixé à l'arrière du fuselage. Cette surface est échancrée pour permettre l'oscillation du gouvernail de direction.

Deux ailerons équilibrés sont articulés sur les côtés de l'empennage horizontal et assurent la stabilisation horizontale.

L'ensemble des surfaces stabilisatrices arrière a une superficie de 1m,50.

Ensemble moto-propulseur. — Le moteur Gnôme de 50 HP est assujetti en porte-à-faux à l'avant du fuselage. Il est entouré d'un carter en tôle emboutie évitant les projections d'huile. L'hélice, de 2m600 de diamètre et 1m800 de pas est, naturellement, en prise directe.

Les commandes, du type instinctif, sont, en principe, les commandes habituellement employées sur presque tous les aéroplanes. (Levier en palonnier).

Caractéristiques générales.

	Monoplace	Biplace tandem	Biplace militaire
Surface portante	14,9 mq.	16 mq.	19 mq.
Poids à vide	280 kg.	325 kg.	375 kg.
Envergure	9m200	10m200	11m200
Longueur totale	6m120	6m120	7m500
Puissance	50 HP.	80 HP.	80 HP.
Diamètre de l'hélice	2m500	2m500	2m500
Pas	1m800	1m800	1m800
Vitesse moyenne à l'heure	114 km.	125 km.	116 km.
Poids par mètre carré	31 kg.	34 kg.	32 kg.

NIEUPORT

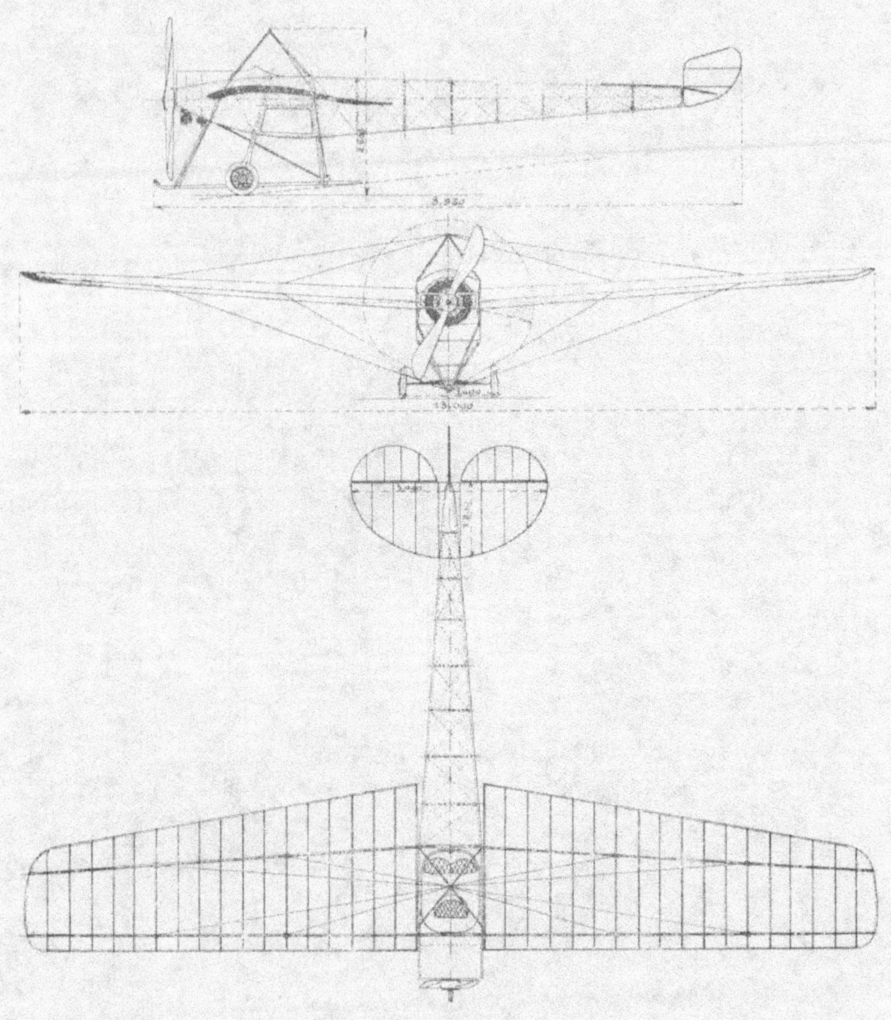

AÉROPLANES NIEUPORT

Lorsque le regretté Edouard Nieuport avait conçu son premier appareil, il n'avait en vue que l'étude approfondie de tout ce qui pouvait améliorer les conditions du vol et surtout le rendement de l'oiseau mécanique. Il est juste de dire que Nieuport fut le premier à se préoccuper de cette question, modifiant, transformant sans cesse pour écarter tout ce qui constituait un obstacle à la pénétration, sans pour cela compromettre la stabilité.

Au jour où un triste accident mit en deuil l'aviation française, Nieuport était arrivé à une cohésion presque parfaite de toutes ses réalisations et, bien mieux, plusieurs types d'appareils appropriés chacun à l'utilisation prévue, avaient été établis aux Usines Nieuport, sous la direction du célèbre ingénieur.

Il existe actuellement quatre types principaux, dont deux monoplaces, un biplace et un triplace, avec moteurs de 30, 50, 70 et 100 chevaux.

Les caractéristiques générales de ces appareils sont sensiblement les mêmes, aux dimensions près. Nous allons donner la description du type IV G.

Ailes. — Les ailes ont la forme générale d'un trapèze légèrement arrondi aux angles extérieurs. Leur profil est à double courbure. Le tissu est posé en biais et vernis. L'ossature est formée de deux longerons réunis par des nervures. La section maximum des longerons est en millimètres 95 — 40; ils sont en frêne ainsi que les lames verticales des nervures. Les lattes supérieures et inférieures des longerons sont en peuplier.

La triangulation des ailes à l'intérieur est assurée par des croisillons en corde à piano avec tendeurs. Les câbles servant à attacher les ailes sont les suivants :

8 câbles inférieurs en fil tressé 6^{mm}. Charge limite : 5.000 kil. 8 câbles supérieurs en corde à piano 3^{mm}5. Charge limite : 2.200 kil. Les attaches se font : pour les ailes, par des ferrures encastrant la poutre; pour le haubannage, avec des boulons de 10 à 12^{mm}, et par enroulement sur le patin pour les câbles avant et fixation au levier de gauchissement pour les câbles arrière.

Les câbles supérieurs sont fixés à une pyramide métallique située au-dessus du poste du pilote.

Cette pyramide porte en même temps le renvoi de mouvement du gauchissement. Envergure : 10,30 m. Surface : 21 mq.

Châssis. — Le châssis est constitué par un patin central soutenu par deux V en tube d'acier, et prolongé en avant pour former béquille.

Vers l'avant le V porte un encastrement dans lequel se fixe un ressort à lames transversales. Ce ressort porte à ses deux extrémités les fusées recevant les roues du châssis.

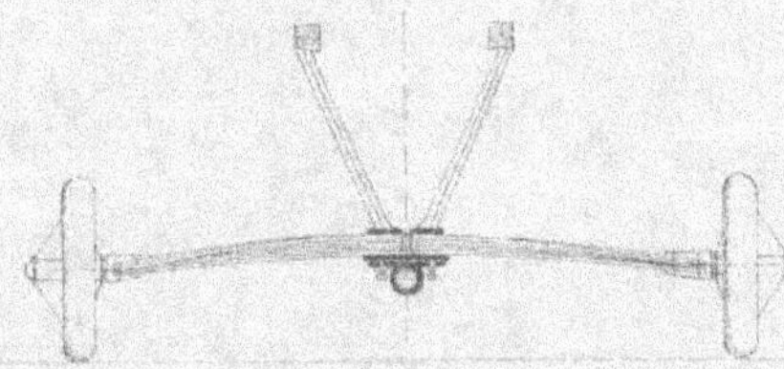

Cette partie de l'appareil est entièrement métallique.

La voie du châssis a 1^m,350.

Les roues ont 0^m,47 de diamètre.

Fuselage. — Le fuselage est constitué par une poutre armée de section quadrangulaire dont l'ossature comporte quatre longerons en frêne supportant le moteur à l'avant et réunis à l'arrière. L'assemblage se fait par traverses et croisillons bois, acier, aluminium. Les montants d'ajustage des ailes sont en tubes d'acier.

Le fuselage est entoilé et verni. La section maximum de longerons est de 43 — 28^{mm}. La longueur du fuselage est de 6^m, sa largeur maximum 8^m,700, sa hauteur maximum 1^m,03.

Empennage. — L'empennage est constitué par un plan fixe de forme elliptique à ossature d'acier entoilée et fixée au fuselage par 4 tubes en acier.

Dimensions : Envergure : 3 m.
     Surface : 2.500 mq.

Equilibreur transversal. — La stabilité transversale est obtenue par le gauchissement du bord postérieur des ailes, à l'aide d'un levier à pédales, disposé pour une manœuvre instinctive, soumise au déplacement du corps du pilote.

Gouvernail d'altitude. — Le gouvernail d'altitude comporte deux ailerons de forme elliptique, jumelés avec double commande.

La carcasse est métallique, l'entoilage est verni.

Dimension de chaque aileron :
Envergure : 1 mètre.
Surface : 0,75 mq.

Propulseur. — Deux moteurs ont été employés sur les aéroplanes Nieuport.

Le moteur Nieuport, destiné aux petits appareils, est formé de deux cylindres horizontaux 130/135 à refroidissement par ailettes, magnéto Nieuport, 1200 tours pour une vitesse de 120 kilomètres.

La distribution porte une came de décompression permettant un ralentissement considérable.

Les moteurs de plus grande puissance sont des Gnôme 50, 60 et 100 HP.

La fixation du moteur sur les aéroplanes Nieuport, se fait entre les côtés du fuselage; le moteur est recouvert d'un capot pare-huile. Les réservoirs sont logés à l'intérieur du fuselage.

L'hélice, en bois assemblé, a un diamètre variant de 2^m,50 à 2^m,10 et un pas variant de 1^m,65 à 1^m,60 suivant les appareils.

Commandes. — Le pilote est assis à l'intérieur du fuselage, sous la pyramide, et complètement abrité; une planchette placée devant lui, porte

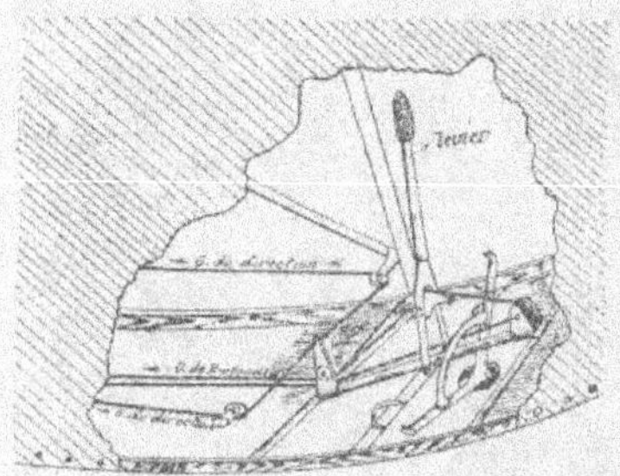

la boussole, l'altimètre, la montre et le tachy-mètre.

Les commandes de direction et d'altitude sont conjuguées sur le même levier. La commande de gauchissement se fait au pied et se transmet au levier de gauchissement situé sur le patin, par l'intermédiaire d'un tube rigide.

Gouvernail de direction. — Il est constitué par un plan situé entre les surfaces de l'empennage, en tube d'acier entoilé; ses dimensions sont :

Longueur : 0ᵐ,75;   Hauteur : 0ᵐ,80.
Surface utile : 0,47 mq.

Caractéristiques comparées des divers types

	II N.	II G.	IV G.	VI M
Surface portante	21.5 mq.	21.5 mq.	23.4 mq	31.6 mq.
Poids à vide	238 k	316 k	356 k	480 k.
Envergure	8.050	8.050	10.500	13.000
Longueur	7.200	7.200	7.800	9.000
Hauteur	2.200	2.200	2.400	3.250
Stabilisation latérale	Gauchiss.	Gauchiss.	Gauchiss.	Gauchiss.
Puissance	28 HP.	50 HP	50 HP	100 HP.
Diamètre de l'hélice	2.100	2.500	2.600	2.500
Pas	1.600	1.650	1.400	2.000
Vitesse de rotation	1200 t	1200 t	1200 t	1200 t
Vitesse de l'appareil	105	110	100	117
Poids utile	165	150	220	319
Poids suppor. par mq.	17 k	21 k	24 k	32 k

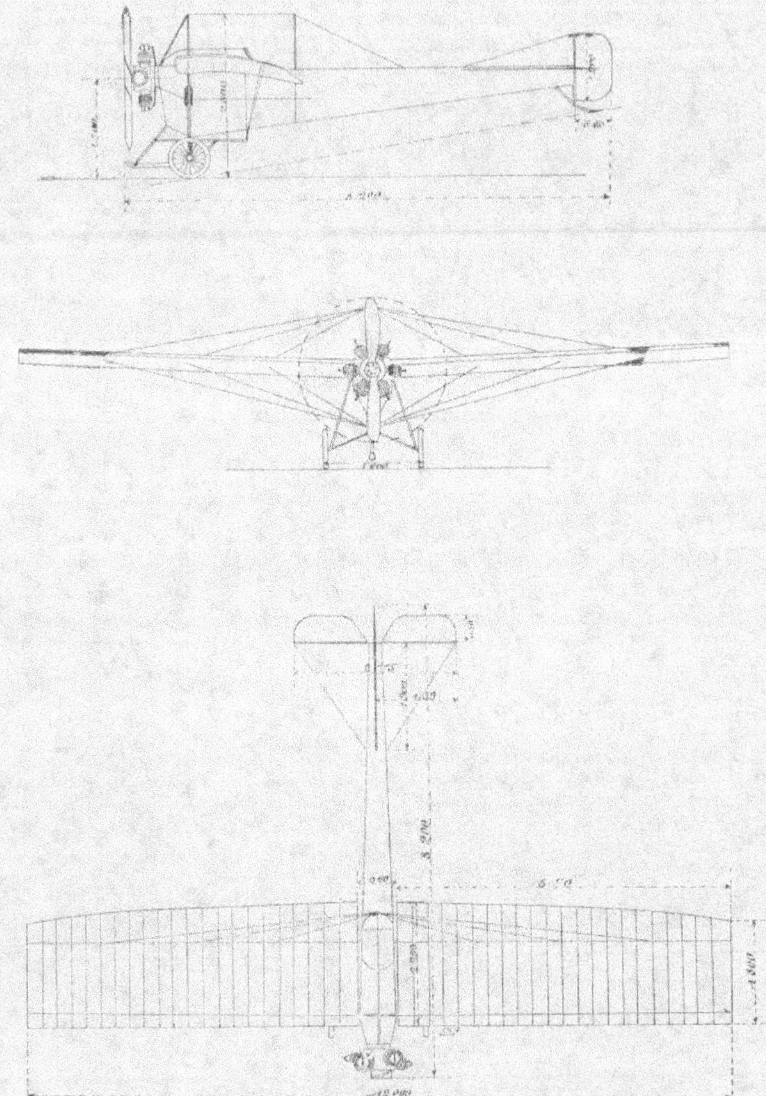

AÉROPLANES REP

S'ils ne furent pas toujours favorisés par la chance dans les nombreux concours ou circuits auxquels ils ont pris part, les monoplans Esnault-Pelterie peuvent néanmoins être considérés à juste titre comme des modèles du genre.

Il n'est probablement pas un de ses concurrents qui n'ait eu à emprunter au très scientifique constructeur de Billancourt une adaptation ou un dispositif innové par lui à la suite de ses recherches patientes et éclairées.

Nous donnerons ici la description du monoplan type militaire à 1 place.

Fuselage. — Le fuselage est entièrement métallique. Il est composé de tubes d'acier étirés, reliés entre eux par des raccords fondus, le tout fortement triangulé. La partie antérieure du fuselage se termine par les quatre boulons de fixation du moteur, dont la position est ainsi rigoureusement déterminée. Du moteur, le fuselage va en s'élargissant jusqu'à la partie centrale qui contient le siège de l'aviateur et sur laquelle sont

montées les ailes, tandis que la partie avant porte le châssis d'atterrissage.

De section triangulaire dans sa partie arrière, pentagonale le long des ailes, le fuselage est constitué de telle manière que la nécessité du moindre tendeur ne se pose même pas. La charpente des empennages et gouvernails est également métallique et formée de tubes méplats très robustes et très légers.

La partie avant de l'appareil, susceptible de se détériorer plus facilement, est garnie d'un capot en tôle muni de ferrures, et que l'on ouvre ou ferme à volonté pour permettre les réparations simples. Ce capot préserve aussi le pilote contre le vent de l'hélice et diminue la résistance à l'avancement.

Ailes. — Les ailes, de forme trapézoïdale avec bord arrière incurvé, sont constituées par deux poutres reliées entre elles par des nervures de profil étudié sur lesquelles viendra se tendre la toile. Ces surfaces, après essai statique de résistance, ont donné un coefficient de sécurité égal à 12,5 sans déformation persistante. Cette expérience eut lieu le 12 décembre, en présence de diverses personnalités du monde aéronautique, entre autres le général Roques et le professeur Marchis.

Les poutres d'une seule pièce, sont en frêne de section en forme de I mais sans aucun trou ni mortaise. Les nervures en bois assemblé sont, soit en forme de I, soit en forme de caisson, pour les principales. Les poutres de l'aile ne sont pas fixées sur le corps de l'appareil de façon rigide, mais par l'intermédiaire d'une articulation. De cette façon, l'existence d'une tension dangereuse dans la section d'encastrement n'est pas possible;

de plus, le réglage en est rendu plus facile, puisque seuls les haubans déterminent la position de l'aile. Ce système d'attache permet en outre un montage et un démontage des plus rapides. Les haubans qui complètent la liaison de la surface avec le fuselage, sont au nombre de 8, soit deux supérieurs et deux inférieurs pour chaque poutre.

Les haubans inférieurs qui portent l'appareil en vol, sont constitués par deux lames d'acier entourées de ganse et dont la liaison avec les chapes de fixation est assurée de la manière suivante: ces deux lames sont introduites dans le logement conique réservé à cet effet dans la chape, leurs extrémités sont alors repliées sur un coin placé entre elles et éventuellement soudées. Dans ces conditions, toute traction exercée sur le hauban a pour effet de coincer les lames dans leur logement, et cela d'autant plus fort que la traction exercée est plus grande. Les rivets et autres assemblages défectueux par la diminution de section utile qu'ils provoquent, sont ainsi évités.

Les haubans supérieurs, qui n'ont que le poids propre des ailes à supporter au repos et à l'atterrissage, sont constitués par des fils d'acier spécial. La facilité de démontage et de remontage des surfaces est obtenue grâce à un procédé fort simple. Les haubans supérieurs sont fixés sur les mâts à l'aide d'une glissière, maintenue en position convenable par un écrou. En desserrant cet écrou on détend le haubans et, ainsi, sans les dérégler on enlève leurs axes d'attache qui seront remis sans nouveau réglage.

L'envergure des ailes est de 10^m,70. La surface portante de 20 mq.

Châssis. — Il se compose de deux suspensions avant distinctes complétées par une béquille fixe à l'arrière.

Un train de deux roues indépendantes, montées chacune sur un essieu coudé, articulé sur le châssis, et supportant ce dernier par l'intermédiaire d'une jambe de force et d'extenseurs en caoutchouc, sert au départ de l'appareil et aux atterrissages normaux. Le tout forme un triangle déformable qui est maintenu dans son plan perpendiculaire à l'axe du fuselage par des câbles.

Lorsque l'atterrissage a été trop brusque un patin central en bois monté sur un piston d'un frein oléo-pneumatique empêche de capoter et vient s'ajouter à l'action des roues.

Empennages et gouvernails. — Les organes de stabilisation, empennages et gouvernails, sont formés par de simples cadres en tube d'acier minuscule entoilés séparément pour faciliter les opérations de montage et de démontage.

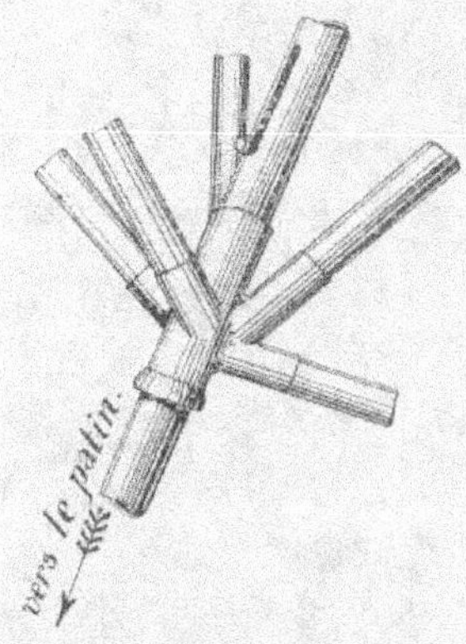

L'empennage horizontal est tout spécialement développé, ce qui donne une stabilité longitudinale incomparable; il a la forme d'une queue de pigeon.

L'équilibreur est articulé à l'arrière de l'empennage; il est divisé en deux panneaux par le gouvernail de direction.

Groupe moto-propulseur. — Le moteur R. E. P. développe 60 HP. Il est muni d'une magnéto, d'un double allumage avec départ au contact; un tachymètre commandé par flexible permet au pilote de se rendre compte de la moindre défaillance du moteur et, par conséquent, d'en régler la vitesse. Les réservoirs sont placés en charge, protégés par les capots.

Le moteur actionne directement une hélice de 2m,40, de diamètre et 1m,800 de pas.

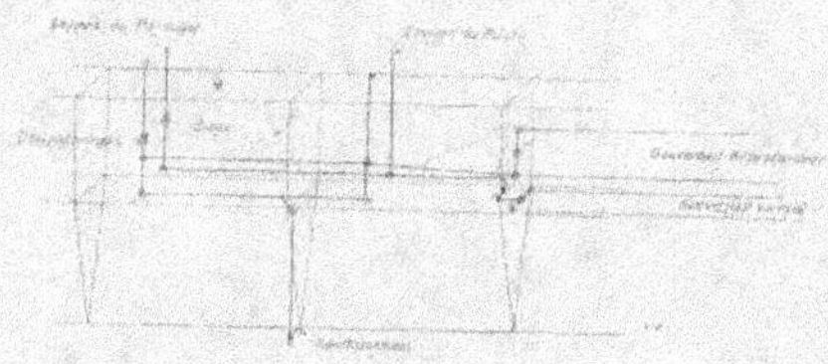

Résumé des caractéristiques

Surface : 20 mq.
Poids. monté : 330 kgs.
Envergure : 10m,700,
Longueur : 7m,700,
Puissance : 60 HP.
Vitesse : 105 km. à l'heure.
Poids par mq. : 17 kgs.

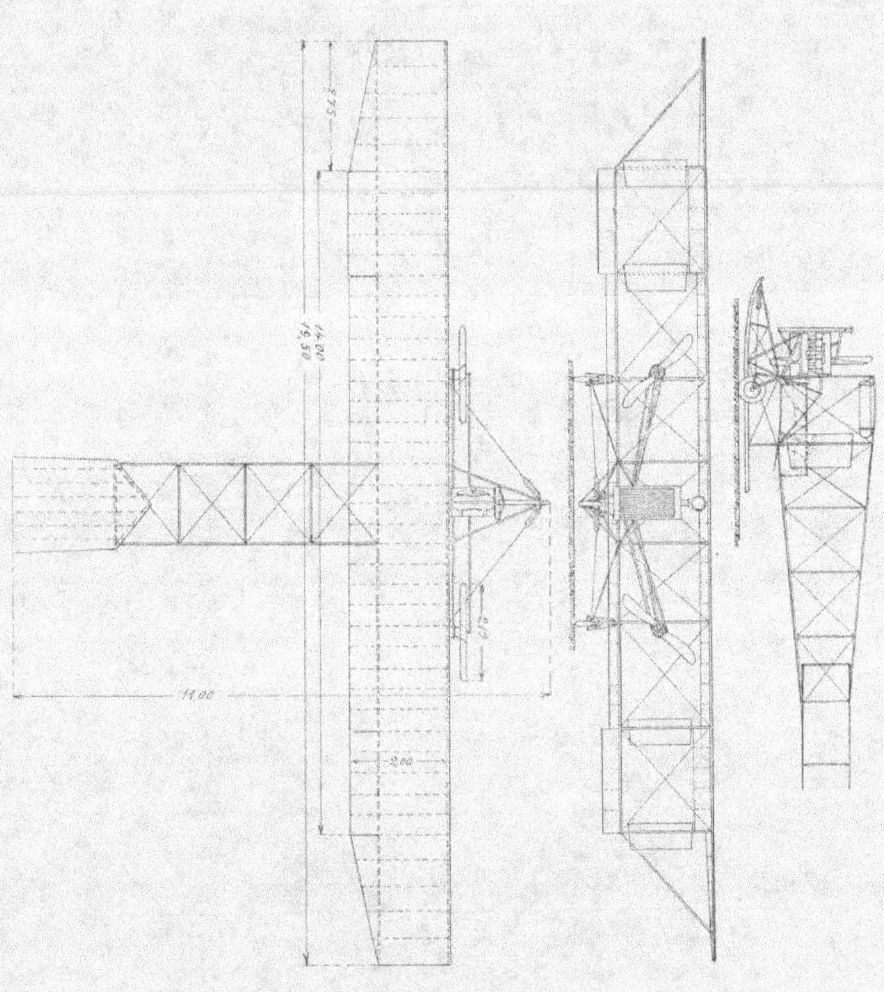

AÉROPLANES SAVARY

Les aéroplanes Robert Savary, qui se sont imposés depuis un an, et notamment au Concours militaire, comme étant parmi les biplans les plus parfaits, sont le résultat de longues études et d'une minutieuse mise au point.

M. Robert Savary, ingénieur des Arts et Manufactures, étudie et perfectionne ces appareils depuis 1909.

Cette étude et cette mise au point, sans souci des solutions rapides, mais en cherchant en tout la perfection, ont été faites à l'écart et sans réclame tapageuse.

De sorte que les établissements Savary présentent au public des appareils qui comportent de nombreuses solutions originales des problèmes de l'aviation, tout en étant parfaitement au point.

C'est sans aucune publicité, et par les résultats officiels seuls dus à ses qualités que le biplan Robert Savary s'est placé au premier rang.

Sa solidité remarquable provient de l'excellence de sa construction en matériaux de premier choix.

Les calculs de résistance sont faits avec des coefficients de sécurité très élevés, usuels en mécanique, mais inusités dans la construction aéronautique.

L'atterrissage peut se faire dans tous les terrains, grâce au robuste châssis et au freinage rapide.

Les Savary sont à la fois stables, faciles à conduire et excellents planeurs. Leur très haut rendement a été démontré au concours militaire, où Frantz a réussi toutes les épreuves et a fait un voyage sans histoire avec un moteur 70 HP Labor 4 cylindres de 100 ^{mm} d'alésage. Il a donc de beaucoup enlevé le plus de poids utile par cheval. Néanmoins, par suite de sa robustesse, l'appareil était le plus lourd de tous les aéroplanes classés (1150 kgs, charge comprise).

Le confort du pilote et des passagers y est tout spécial; ils sont assis à l'aise dans un vaste fuselage, en dehors du courant d'air des hélices, et, point important pour la sécurité, ont le moteur devant eux.

Leur vue est néanmoins bien dégagée, et l'observation comme la photographie y sont faciles.

Les biplans Savary se font en quatre types :

(1) Type concours (triplace).

(2) Type militaire (2 places en tandem).

(3) Type école (2 places côte à côte, double direction).

(4) Type course à grande vitesse (2 places tandem).

Nous étudierons seulement les types (1) et (2) comme ayant donné, en 1911 et 1912, les plus jolis résultats. Ces deux appareils sont identiques, aux dimensions près.

BIPLAN TYPE MILITAIRE

Cellule. — Le corps principal de l'appareil se compose d'une cellule à deux plans inégaux : le plan supérieur déborde de part et d'autre du plan inférieur, mais ces deux parties excédantes peuvent se rabattre pour faciliter le garage et le transport.

Équilibreur. — Les deux plans horizontaux de l'équilibreur ont une partie antérieure triangulaire fixe et non portante, servant d'empennage arrière et une partie postérieure rectangulaire articulée servant de gouvernail de profondeur; sa très grande surface et son éloignement du centre de pression lui donnent une efficacité considérable et empêchent l'appareil de jamais s'engager en cheminée.

Gouvernail de direction. — Il est constitué de façon très originale : à chaque extrémité de la cellule principale, deux volets verticaux peuvent pivoter autour des deux derniers montants arrière. En marche normale, ils s'effacent dans le vent et jouent le rôle de plans de dérive. Pour virer, on fait pivoter l'un vers l'autre les deux volets d'un même côté : ils créent ainsi une résistance qui fait tourner tout l'appareil de ce côté.

Le virage s'effectue ainsi sans perte de vitesse, avec une faible inclinaison et des rayons très courts, malgré l'inertie considérable de cet appareil lourd et rapide.

La queue, dépourvue de surface verticale se meut facilement dans de tels virages. En outre, la direction reste très stable, car le vent latéral n'a guère de prise sur les volets verticaux si rapprochés du centre de dérive.

Châssis d'atterrissage. — Le châssis fait corps avec le centre de la cellule et supporte le groupe moteur.

Cet ensemble forme un bloc mécanique d'une extrême rigidité.

Le patin central, formé d'un long ski de frêne, à section profilée est relié à la cellule par une armature de tubes d'acier entretoisés; c'est, en quelque sorte, une poutre armée triangulaire capable de supporter les chocs les plus violents.

De part et d'autre du patin se trouvent deux roues munies de gros pneus et montées dans des fourches en tubes d'acier mobiles autour de deux axes : l'un vertical, l'autre horizontal; deux faisceaux d'extenseurs en caoutchouc, fixés à la pointe avant du patin, les rappellent à leur position normale.

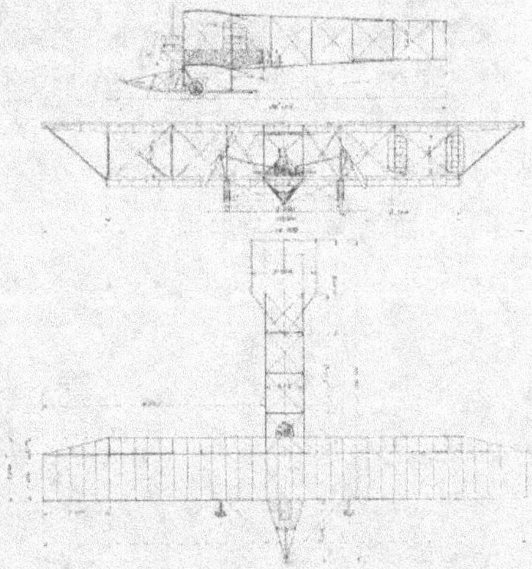

Au repos, l'appareil est légèrement cabré sur les deux roues et sur l'extrémité arrière du patin; au départ, il roule sans que le patin touche terre; mais, à l'atterrissage, les deux roues s'effacent en arrière et le patin freine rapidement l'appareil; en aucun cas, l'empennage ne peut venir porter sur le sol.

Si l'appareil atterrit par vent latéral, les roues pivotant autour de l'axe vertical s'orientent d'elles-mêmes. Si l'appareil atterrit un peu penché, la voie très large (4 mètres) empêche tout danger de renversement latéral. Enfin, le ski, placé très en avant du centre de gravité, empêche tout capotage; et l'indépendance des deux roues permet d'atterrir dans les plus mauvais terrains, d'y rouler facilement, pour en repartir de même.

Groupe moto-propulseur. — Le moteur est placé tout à l'avant de l'appareil, sur un bâti en tôle emboutie, léger et robuste, faisant corps avec le centre de la cellule principale et s'appuyant directement sur le châssis d'atterrissage.

Ce moteur, 4 cylindres Labor-Aviation, de 100mm d'alésage et 210 de course, développe 74 HP à 1350 tours.

La propulsion de l'appareil est assurée par deux hélices placées en avant des plans, de part et d'autre du moteur; elles tournent en sens inverse l'une de l'autre et sont pourtant commandées par une chaîne unique entraînée par le moteur. La chaîne a ses brins tendus rigoureusement rectilignes; des tubes d'acier très minces lui servent de carter; les pignons dentés sont directement fixés aux hélices, dont ils constituent l'un des flasques. Enfin, l'ensemble hélice-pignon ainsi formé tourne sur roulements à billes autour d'un arbre fixe, supprimant ainsi tout effort de torsion.

L'arbre moteur porte un bloc de deux couronnes dentées entraînant chacune un brin de la chaîne sans fin commandant l'hélice correspondante et supportant exactement la moitié de la force totale du moteur; deux pignons de renvoi convenablement disposés guident la chaîne de sorte que les brins tendus restent rigoureusement dégauchis. Dès lors, la rupture possible d'une maille n'entraîne aucun danger, puisque les deux hélices s'arrêteraient en même temps.

Commandes. — Les commandes des gouvernails et du moteur sont réunies sur un seul levier-volant que le pilote peut facilement manœuvrer d'une seule main; les gouvernails sont reliés au volant par des câbles d'acier tressé doublés partout par mesure de sécurité. Le volant, semblable à un volant d'auto, est monté à cardan. Il se meut d'avant en arrière pour commander la profondeur; de droite à gauche pour la stabilisation latérale; enfin, il tourne sur lui-même pour commander les virages.

Caractéristiques comparées des divers types

	2 places	3 places
Surface	52 mq.	68 mq.
Poids à vide	550 kgs	700 kgs
Envergure	14m000	19m000
Longueur	11m000	12m000
Puissance	70 HP	70 HP
Vitesse	95 km	75 km
Poids utile	220 kgs	450 kgs

SOMMER

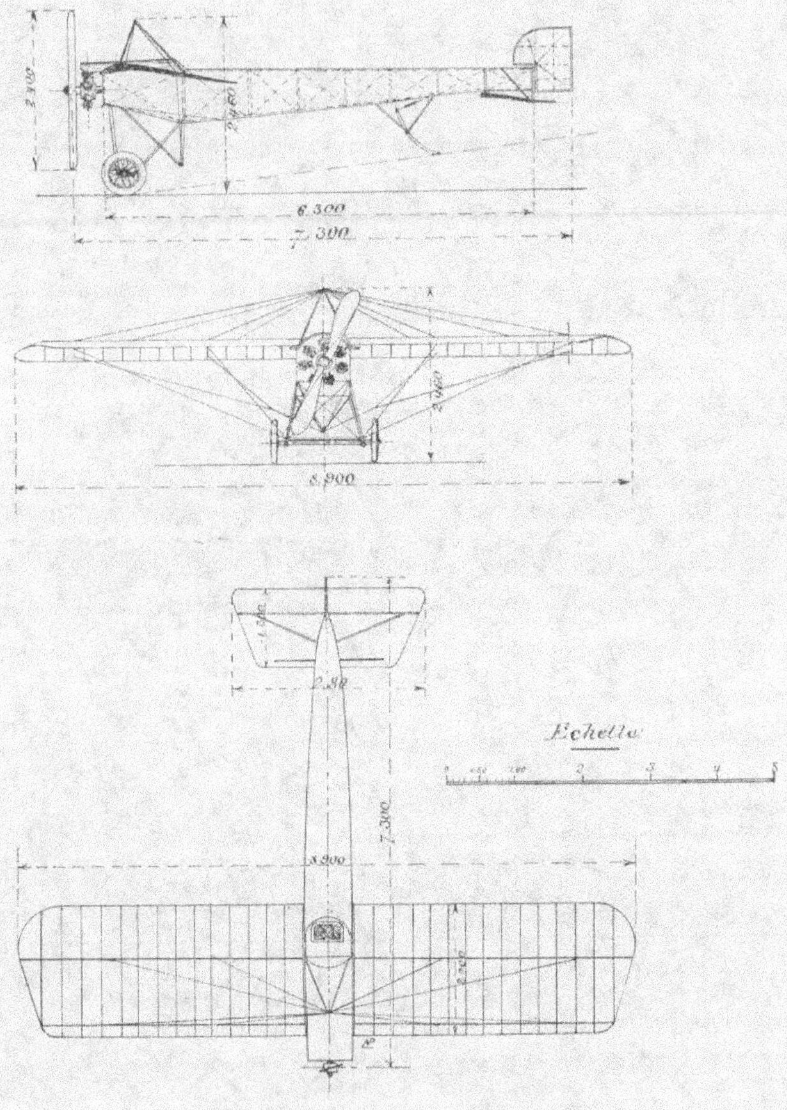

AÉROPLANES SOMMER

Ne pouvant ici décrire tous les types d'appareils construits cette année par Sommer, nous nous bornerons à étudier deux types : le type F, monoplan militaire, dont les succès sont innombrables, et le type L, biplan, dont la construction en acier a été si vivement admiré au Salon de 1911.

MONOPLAN TYPE F

Le monoplan *Sommer* type F est la résultante de toute une année d'études et de toutes les observations faites au cours des différentes courses et manœuvres auxquelles ont participé ses aînés.

Il en dérive directement dans sa forme générale, mais l'étude de tous les organes a été poussée à l'extrême afin d'obtenir partout un maximum de rendement et de solidité pour un minimum de poids.

Dans l'ensemble, le constructeur s'est attaché à réaliser surtout un appareil pratique, remplissant les conditions du tourisme aérien, sans jamais rechercher uniquement une qualité désirable au détriment d'une autre nécessaire; ainsi, la stabilité n'est pas négligée pour la vitesse, pas plus que la sécurité pour la légèreté.

Ses caractéristiques sont :

Surface : 16 mq.
Poids : 260 kgs.
Longueur : 6m,700.
Envergure : 8m,700.
Puissance: 50 HP.
Vitesse moyenne : 108 km. à l'heure.
Charge utile : 200 kgs.
Poids par mètre carré: 28 kgs 750.

Fuselage. — Le fuselage quadrangulaire, dont la ligne générale est aussi fine, aussi nette que possible, porte directement tous les organes vitaux ; le moteur, le châssis d'atterrissage, les ailes et, à l'arrière, les organes de stabilisation et de direction.

Le moteur, un Gnôme 50 HP, est placé à l'avant en porte-à-faux entre deux tôles d'acier renforçant en même temps le fuselage qui travaille beaucoup en ce point.

La position du moteur par rapport aux ailes est choisie pour que l'appareil conserve bien sa stabilité, mais en même temps le centre de traction a été placé assez haut pour obtenir un bon rendement et une bonne vitesse.

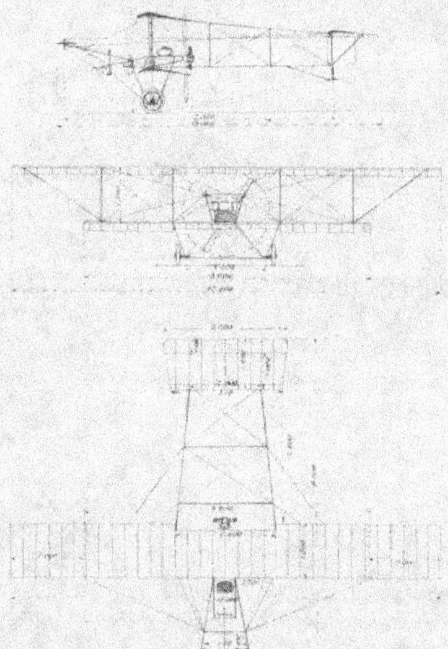

Châssis d'atterrissage. — Le châssis porteur est aussi simple et aussi robuste que possible : deux roues réunies par un essieu que maintiennent deux puissants caoutchoucs, c'est tout ; c'est suffisant cependant et c'est judicieusement disposé pour réduire au minimum toute chance de

capotage à l'atterrissage ; une béquille extra souple placée à l'arrière évite les déformations du fuselage dans les atterrissages un peu cabrés.

Ailes. — Les ailes, dont la double courbure a été étudiée avec soin, ont un pouvoir portant énorme, puisque 16 mq suffisent à l'appareil qui, avec 200 kg. de surcharge, décolle et monte sans effort ; mais en outre, elles autorisent une vitesse remarquable et des vols planés presque horizontaux.

L'attache a été étudiée avec soin : sur le fuselage, les longerons en frêne s'emboîtent sur toute leur hauteur dans des gouttières, moitié cylindriques, soudées à l'autogène à des traverses en U d'une solidité à toute épreuve.

Quant aux haubans, ceux d'avant s'attachent aux montants en frêne de l'atterrissage, qui sont à cet endroit, entretoisés par un solide tube d'acier ; ceux d'arrière, qui sont d'une seule pièce d'une aile à l'autre, passent dans le dispositif de gauchissement.

Empennages. — Les empennages de stabilité et de direction se démontent instantanément, et le plan mobile réuni au plan fixe par des tubes-paliers ne comporte pas un fil, pas un tendeur ; il est d'une seule pièce, la courbure et la surface de tout cet ensemble ont été déterminées avec soin pour assurer une efficacité constante dans toutes les positions du vol.

Commandes. — Enfin, l'appareil a été conçu en vue des applications militaires ; et non seulement les commandes instinctives, rigoureusement mécaniques, simples et robustes, sont d'une douceur incomparable, mais encore tous les organes de contrôle ont été aussi judicieusement que possible disposés sous les yeux du pilote, afin de lui éviter toute tension d'esprit inutile et rendre la conduite facile et agréable.

BIPLAN RAPIDE TYPE L

Le biplan en acier *Sommer*, type L, d'une construction toute nouvelle, possède les caractéristiques d'ensemble des biplans en bois du même constructeur ; son poids est de 290 kgs en ordre de marche avec moteur de 50 HP ; un poids utile de 225 kgs est transporté à l'allure de 90 kilomètres à l'heure.

L'appareil a une longueur de 9 mètres et une envergure de 12 mètres en haut, et 7m800 en bas.

L'écartement des plans est de 1m500.

Cellule. — La cellule est constituée par deux plans d'envergure inégales. Les ailes ne comportent qu'un seul longeron, constitué lui-même par un tube d'acier.

L'entretoisement se fait par une seule rangée de montants. Pour que les ailes n'aient point tendance à tourner autour du tube, les montants sont doubles, c'est-à-dire constitués par l'assemblage de deux tubes qui immobilisent en bas comme en haut une pièce d'acier de forme spéciale. Celle-ci embrasse le tube longeron et maintient la nervure. La rangée des montants est placée dans le plan vertical qui contient le centre moyen de pression, les nervures des deux ailes travaillant sans aucun porte-à-faux.

Les deux tubes formant la poutrelle d'entretoise sont de grosseur inégale, le plus gros étant en avant. L'entretoisement compris ainsi donne une résistance très minime à la pénétration.

Poutre de liaison. — Elle est constituée par une charpente légère. Sa longueur est de 4 mètres et sa section moyenne de 2 mètres × 1m500.

Châssis porteur. — Le châssis, d'une simplicité extrême, est constitué par deux roues montées sur un tube d'acier. Des bagues de caoutchouc facilitent l'atterrissage. A noter la suppression des patins.

Gouvernail. — Le gouvernail équilibreur longitudinal se compose d'un volet arrière placé à l'extrémité d'un empennage monoplan de 4 mq. Ce volet de queue est conjugué à un petit équilibreur avant, dont l'efficacité est très réduite et qui a surtout pour but d'être un guide constant pour le pilote. Le gouvernail vertical est constitué par un plan oscillant verticalement à l'arrière et au-dessous de l'empennage.

Stabilisation transversale. — La stabilité latérale est obtenue au moyen d'un gauchissement puissant mécaniquement exécuté.

Utilisant l'excédent de surface du plan supérieur de la cellule et l'existence, particulière à cet appareil, d'un unique longeron tubulaire, Sommer a monté le panneau extrême du plan supérieur à articulation libre sur le tube. Ce montage spécial permet au panneau de prendre diverses inclinaisons, suivant la volonté du pilote. Les deux panneaux extrêmes sont conjugués, la diminution d'incidence de l'un correspondant à l'augmentation d'icidence de l'autre. Dans la position normale de vol, les deux panneaux ont la même incidence que le reste du plan. Cette disposition extrêmement mécanique ne conduit à aucun déplacement sensible du centre de pression.

Groupe moto-propulseur, fuselage. — Le moteur est un Gnôme de 50 HP monté à l'arrière de la cellule. Il est soutenu par une sorte de petit fuselage en acier d'une légéreté surprenante. En avant du moteur, sur le même fuselage, sont montés, dans l'ordre : les réservoirs, la place du passager et celle, très à l'avant, du pilote, puis les montants métalliques supportant le petit équilibreur d'avant.

Le moteur commande directement une hélice de 2m700 de diamètre et 1m800 de pas tournant à 1200 tours.

Caractéristiques comparées des divers types

	Type F	Type L
Espèce	Monoplan	Biplan
Surface	16 mq	30 mq
Poids à vide	260 kgs	290 kgs
Envergure	8m700	12m000
Longueur	5m700	9m000
Puissance	50 HP	50 HP
Vitesse	108 km H.	90 km.
Charge utile	200 kgs	225 kgs
Poids par mètre carré	28 k. 750	17 kgs

TRAIN

AÉROPLANES TRAIN

Presque inconnu du public avant son extraordinaire voyage dans le circuit européen, le monoplan Train est considéré à juste raison, à l'heure actuelle, comme l'un des appareils les plus sûrs et les plus judicieusement établis.

Entièrement construit en tubes d'acier, et, par parties, démontables et interchangeables, cet appareil est entièrement robuste et indéformable aux variations de température. Il a, du reste, été choisi par le Ministère de la Guerre, comme l'appareil le plus qualifié pour être envoyé aux colonies : quatre appareils ont été commandés pour le Centre d'Aviation militaire de Biskra

L'appareil est d'une très grande stabilité et tient le vent d'une façon remarquable. Il doit cet avantage à la réunion des masses près du centre de sustentation, à l'emplacement très abaissé du centre de gravité, à ses empennages puissants et à la grande importance de ses gouvernails.

Surfaces portantes. — Les ailes sont rigides et à double courbure, démontables et remontables en dix minutes, sans aucun réglage, grâce à un dispositif particulier.

Leur charpente comporte deux longerons en tube, celui d'arrière articulé pour le gauchissement. Sur ces longerons viennent se rapporter seize nervures. Ces nervures sont en trois bois différents et de fils contrariés; elles ne sont pas fixées directement aux tubes, mais permettent, sans aucun effort supplémentaire, un gauchissement très prononcé.

Le haubannage est assuré par sept câbles d'acier pouvant résister chacun à 1 500 kg. Le poids supporté par chaque aile en plein vol est de 225 kg. Le coefficient de sécurité est environ de 20.

L'envergure est de $9^m,300$, et peut être portée à $10^m,700$, par adjonction, au bout des ailes, de deux ailerons qui s'emmanchent profondément dans les longerons en tubes des ailes. La surface se trouve ainsi amenée de 18,60 mq à 21,40 mq. Toutefois, il est préférable de munir l'appareil dans ce cas, d'un 70 HP Gnôme.

Fuselage. — Le fuselage, dont la partie avant constitue le châssis d'atterrissage, est triangulaire. Sa longueur est de 8 mètres et sa section décroissante du moteur à l'équilibreur. Il est démontable en deux parties, au moyen de douze boulons. Entièrement construit en tubes d'acier, il est extrêmement robuste. Les réparations, par ce fait, très rares, sont néanmoins d'une grande facilité. Si un tube tordu ne pouvait être redressé à froid, on pourrait, en le coupant et en fixant un tube de circonstance par un collier spécialement préparé à l'avance, effectuer une réparation de fortune très rapide.

Mais, la plupart du temps, le tube pourra être redressé aisément sans rien démonter.

Châssis d'atterrissage. — Le châssis, d'une extrême simplicité, est établi sans porte-à-faux et peut résister aux chocs les plus violents sans être

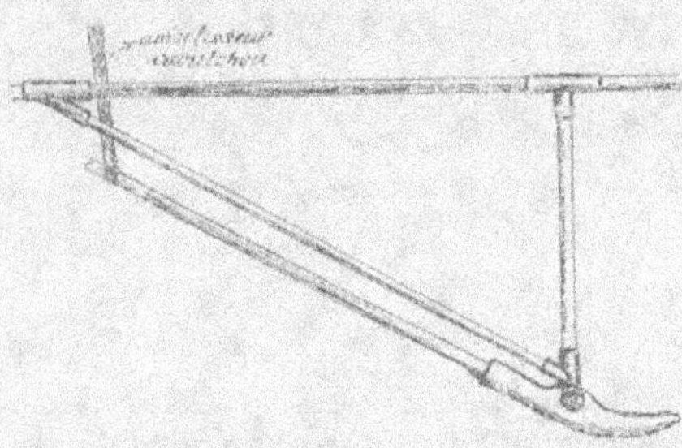

détérioré. Les patins et les roues, situés très en avant, rendent le capotage de l'appareil presque impossible. Les roues, non orientables, sont d'un diamètre assez grand pour passer facilement, sans grande résistance, les obstacles courants des terrains d'atterrissage.

Une béquille souple, supportant la queue de l'appareil complète heureusement le châssis et

freine rapidement, lors des atterrissages en vitesse.

Empennages et gouvernails. — L'empennage horizontal, triangulaire, fixé à l'arrière du fuselage, a une surface de 3,50 mq. Il est légèrement porteur. L'équilibreur trapézoïdal qui le prolonge, a une surface de 1,50 mq.

Le gouvernail vertical est articulé à l'extrémité d'un petit empennage triangulaire dont le but est d'assurer la stabilité de route.

Système moto-propulseur. — Le moteur Gnôme de 50 HP, monté en porte-à-faux à l'avant du fuselage, est entouré d'un capot qui protège complètement de l'huile et est facilement démontable.

L'hélice, protégée par le châssis d'atterrissage, a 2m600 de diamètre et 1m800 de pas.

Elle est montée en prise directe et tourne donc à 1200 tours.

Siège, commandes. — Le siège du pilote est sous les ailes, ce qui assure une grande facilité d'observation et un atterrissage aisé.

Les commandes sont doubles, en câbles et sans tendeurs.

Elles comportent un levier articulé à la Cardan pour le gauchissement et l'équilibreur.

La direction est aux pieds.

Résumé des caractéristiques

	Monoplace	Biplace
Surface portante	18 mq. 60	21 mq. 40
Poids à vide	250 k.	280 k.
Envergure	9m300	10m700
Longueur	8m300	8m300
Hauteur	2m200	2m200
Stabilisation latérale	Gauchissement	Gauchissement
Puissance	50 HP	70 HP
Diamètre de l'hélice	2m600	2m700
Pas de l'hélice	1m800	1m950
Vitesse de rotation	1.200 tours	1.200 tours
Vitesse de l'appareil	75-95 km. H.	75-95 km. H.
Poids utile	120 k.	225 k.
Poids porté par mq	20 k.	23 k. 5

AÉROPLANES VENDOME

Après avoir établi, ces dernières années, nombre d'appareils, tant monoplans que biplans, dont la construction soignée et le rendement remarquable ont émerveillé les connaisseurs, Raoul Vendôme travaille depuis un an à perfectionner l'aéroplane militaire.

C'est là une tâche ardue dont l'habile constructeur s'est tiré tout à son honneur.

Les performances superbes qu'ont réalisées les deux derniers types établis dans ses ateliers ne sauraient être passées sous silence, et le biplace de 14 mq. dont nous donnons les dessins est un type modèle officiellement accepté par les ministères de la guerre de France et d'Italie.

Nous dirons peu de mots du monoplan à fuselage repliable, dont la construction est maintenant abandonnée, mais nous nous étendrons davantage sur le biplace qui est, certes, à l'heure actuelle, l'un des monoplans les plus rapides et les plus maniables.

MONOPLACE REPLIABLE

Cet appareil était caractérisé par un fuselage entièrement plaqué, interrompu à 1m250 de son extrémité arrière, par un joint à charnière permettant de rabattre la queue vers l'avant pour faciliter l'entrée de l'appareil dans les fourgons réglementaires.

Le châssis se compose d'un arc en hickory possédant par lui-même une grande élasticité. Cet arc était porté par deux roues orientables à suspension élastique. Il était fortement arc-bouté contre le fuselage, par deux contre-fiches en hickory.

L'envergure était de 9m150 et la longueur de 7 mètres.

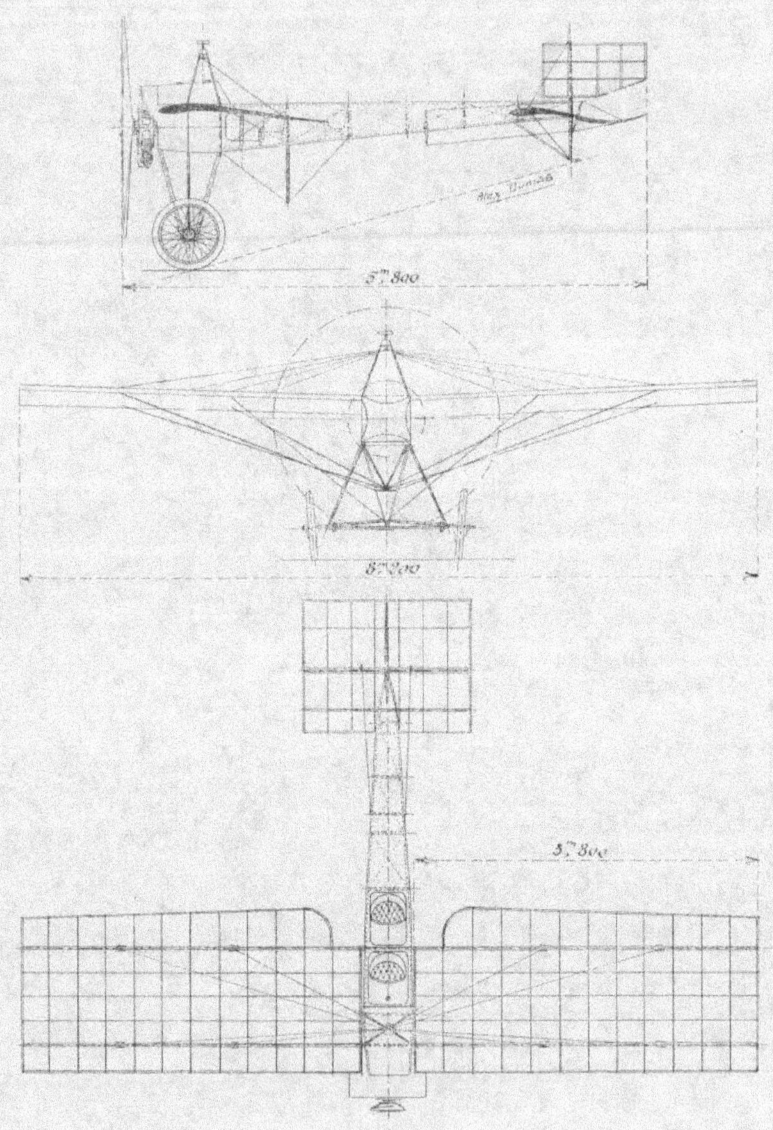

Malgré sa silhouette élégante et son rendement très bon, ce type d'appareil a été abandonné pour un autre, beaucoup plus léger, permettant avec la même puissance et la même surface, le transport d'un passager éventuel.

BIPLACE MILITAIRE

Ce monoplan, dont les lignes sobres sont cependant séduisantes, semble remplir toutes les conditions que l'on demande aux monoplans militaires.

Muni d'un moteur Gnôme de 50 HP, il dépasse la vitesse de 130 kilomètres à l'heure; son châs

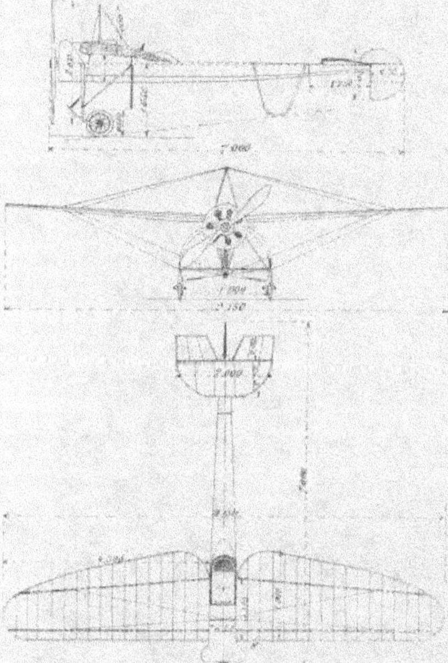

sis, muni de roues de grand diamètre, supprime le capotage; il se démonte en 70 secondes, en employant trois hommes seulement.

Entièrement construit en hickory, sauf les montants de compression du fuselage qui sont en

spruce, il doit à son exécution soignée la faveur officielle dont il est l'objet.

Fuselage. — D'une longueur de 4m500, le fuselage est une poutre tubulaire formée de quatre membrures en hickory réunies par des montants et des traverses en spruce et entretoisées par des croisillons en fils d'acier.

Il est fermé, à l'avant, par un capot en tôle d'aluminium, et presque entièrement entoilé dans le reste de sa longueur.

Il est à noter que les assemblages sont exécutés d'une manière absolument inébranlable sans qu'il soit nécessaire de percer le moindre trou dans les longerons.

Le moteur Gnôme est enfermé dans un carter qui protège le pilote contre les projections d'huile.

Le pilote est assis entre les ailes, en arrière des réservoirs, et, grâce à des échancrures ménagées dans les surfaces, sa vue est parfaitement dégagée.

Châssis d'atterrissage. — Remarquablement simple, mais fort ingénieux, le châssis se compose de deux roues montées sur un essieu brisé.

Deux amortisseurs (un par roue) assurent la douceur de l'atterrissage.

L'amortisseur à anneaux de caoutchouc, ne passe pas sur le tube comme dans la plupart des appareils. Il retient simplement une chape qui embrasse l'essieu.

Par simple jeu d'une clavette, l'essieu peut être libéré de l'amortisseur et, se mouvant dans une glissière verticale, permet de baisser tout l'appareil de 0m300 pour l'entrer dans le fourgon réglementaire.

Démontage des ailes. — Le démontage des ailes est instantané et s'opère comme suit : il suffit de desserrer un volant disposé sur la « cabane » pour laisser baisser les ailes et détendre, sans aucun déréglage les haubans inférieurs qui sont ensuite libérés par le jeu d'une goupille retenue en temps normal par un simple mousqueton à ressort.

Prenant l'aile au moyen d'une poignée ménagée près de l'épaule, contre le longeron anté-

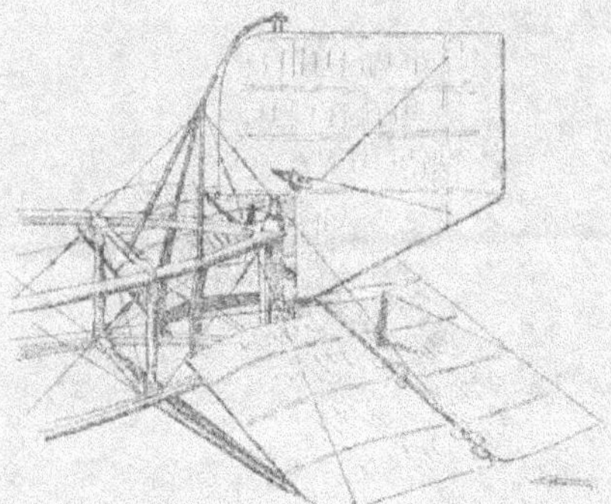

rieur, il suffit de la faire basculer autour de la genouillère qui fixe le longeron arrière pour l'amener le long du fuselage où elle se trouve accrochée sans le besoin d'aucun organe étranger.

70 secondes après le commencement du démontage, l'appareil est prêt à être garé dans son fourgon.

Nous n'insisterons pas sur l'importance que présentent de tels dispositifs au point de vue militaire.

Commandes. — Les commandes, du type instinctif, comportent un levier pour la stabilisation et l'équilibrage et un palonnier pour la direction.

Le moteur est en porte-à-faux à l'avant du fuselage. Il actionne l'hélice en prise directe.

Résumé des caractéristiques

Surface portante : 14 mq.
Poids à vide : 197 kgs.
Envergure : 8"200.
Longueur totale : 5"800.
Puissance : 50 HP.
Vitesse : 130 km.

AÉROPLANES VOISIN

Parmi les derniers types d'appareils les biplans Voisin sont remarquables par leur originalité et leur parfaite tenue.

Nous décrivons ici le biplan de tourisme type « record de hauteur » et le « Canard ».

BIPLAN DE TOURISME

Cet appareil, auquel l'excellent pilote qu'est Michel Mahieu a attaché son nom, est remarquable par son centrage. La disposition en a été reprise par Henry Farman qui y a apporté d'importantes modifications; mais il n'en reste pas moins vrai que, grâce à sa construction soignée, à sa tenue parfaite dans le vent et à son démontage facile, le « Voisin » type Mahieu est un appareil de tout premier ordre.

Cellule. — La cellule est formée de deux plans d'envergure inégale : la surface supérieure a 15ᵐ750 d'envergure et la surface inférieure à 11 mètres seulement. La distance verticale des deux plans est de 1ᵐ700 et leur profondeur de 1ᵐ750.

La surface supérieure est rabattable à ses extrémités, ce qui permet de garer l'appareil dans les hangars de faibles dimensions.

Les plans sont reliés entre eux par huit séries de deux montants en tubes d'acier N Y carénés.

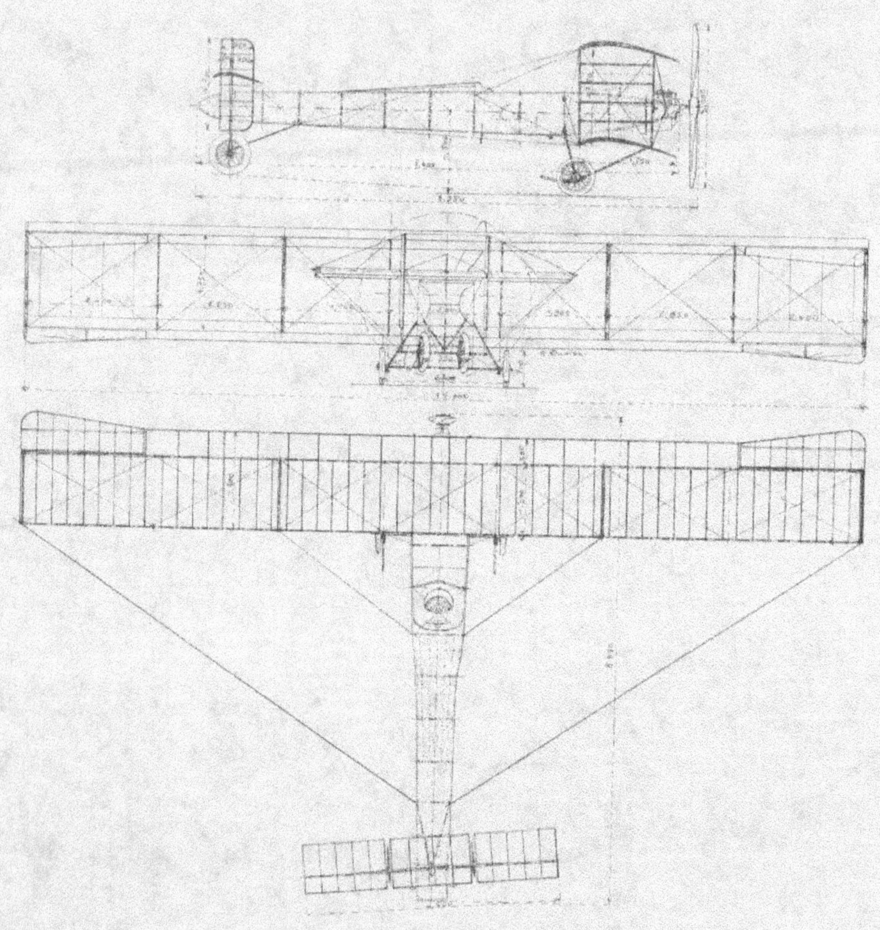

Le montage en est ingénieux : ces tubes viennent s'emboîter dans des gaines à collerettes fixées sur les longerons des surfaces, et les fils de haubannage sont bouclés dans des ouvertures ménagées dans les collerettes elles-mêmes. Le plan supérieur porte quatre ailerons pendants pour la stabilisation latérale. La toile des surfaces n'est pas clouée sur les nervures. Elle présente alternativement sur chaque face des gaines dans lesquelles s'enfilent les nervures A l'arrière, la toile est lacée sur une réglette de bois s'engageant dans les extrémités des pennes.

Poutre de réunion. — La poutre de réunion est composée de quatre longerons en tubes d'acier formant un angle dièdre dont l'arête verticale supporte la queue.

Queue. — La queue est formée par un seul plan rectangulaire suspendu à l'arrière de la poutre et fixé à la manière des surfaces de monoplans. A l'arrière est articulé le gouvernail de profondeur. Au-dessous, et pouvant osciller autour de l'arête de la grande poutre, est disposé le gouvernail de direction.

Fuselage. — Le fuselage, à deux places, est disposé, tout à l'avant de la cellule. Il est protégé par deux fortes roues contre les atterrissages en terrain difficile. Il est entièrement entoilé et contient les réservoirs, le moteur et les organes de contrôle.

Châssis d'atterrissage. — Le châssis, type Voisin, extrêmement robuste, construit en tubes d'acier, comporte deux grosses roues à suspension élastique. Deux tirants articulés vers l'avant du fuselage, et fortement inclinés supportent l'essieu, dont les mouvements sont limités par un cadre en tubes d'acier dont les montants pourvus de ressorts de compression peuvent coulisser dans les outes disposées à cet effet dans le corps de la cellule.

L'ensemble constitue une sorte de triangle déformable dont la base est horizontale et le sommet rejeté vers l'arrière.

Contrôle. — La commande est à trois mouvements ; elle se compose d'une direction à la main qui commande, par l'intermédiaire d'un volant, la direction horizontale de l'appareil, et par son mouvement propre autour d'un cardan les ailerons et le gouvernail de profondeur.

L'appareil peut donc se conduire d'une seule main.

Démontage. — Le biplan est très facilement et très rapidement démontable. Il entre dans une seule caisse de 5 mètres; une autre caisse de faibles dimensions contient le fuselage, le moteur, l'hélice et le châssis d'atterrissage.

« CANARDS »

Bien des types de Canards ont été établis par Gabriel Voisin. Nous en décrirons deux : celui du Concours militaire terrestre, à bloc avant orientable; et celui dit « de la Marine russe », hydro-aéroplane à suspension élastique.

Au point de vue théorique, il existe entre ces deux appareils une différence assez importante; en effet, le second possède une surface fixe jouant, à l'avant, le rôle d'un empennage, alors que la stabilité du premier est demandée exclusivement à l'existence du V longitudinal positif. Les dimensions et le mode de construction ne varient pas, cependant, d'un type à l'autre.

Cellule. — La cellule est entièrement construite en tubes d'acier; les courbes d'une forme spéciale à grand rendement sont en bois; l'ensemble est garni de toiles à double gainage recouvertes d'un vernis spécial qui les empêche de se détendre.

L'envergure est de 15 mètres; la profondeur des surfaces est de 1"800 et leur écartement de 1"750.

Quatre ailerons pendants sont placés aux extrémités de la cellule qui comporte quatre plans verticaux de dérive de 1"300 × 1"750.

Fuselage. — Le « corps », qui se trouve en avant de la cellule, se compose d'un bâti quadrangulaire en bois d'une rigidité absolue; il contient les réservoirs d'essence et d'huile, ainsi que le siège du pilote, qui est admirablement protégé. Sa longueur est de 8"600.

La liaison du fuselage et de la cellule est uniquement funiculaire. Ce montage, souvent critiqué, a pourtant donné d'excellents résultats; et, même dans des atterrissages difficiles, il n'y a jamais eu le moindre déréglage de l'ensemble.

Bloc avant. — *Type terrestre.* — A l'avant du fuselage est installé l'ensemble mobile comportant : deux gouvernails de direction et deux roues couplés; et l'équilibreur, orientable avec les gouvernails.

L'incidence de l'équilibreur est toujours plus forte que celle de la cellule : c'est là le principe mis en action pour assurer automatiquement, dans la limite du possible, l'équilibre longitudinal de la machine.

L'ensemble du « bloc » orientable est mobile autour d'un axe vertical rejeté vers l'avant, ce qui permet de diriger facilement l'appareil sur la route, soit par ses propres moyens, soit traîné par un cheval ou une automobile.

Type marin. — A l'avant du fuselage est disposé un empennage fixe porteur à forte incidence, prolongé par deux ailerons à double commande jouant le rôle de gouvernail de profondeur.

Le gouvernail de direction, unique, est placé en drapeau, dans l'axe du fuselage, au-dessus de l'équilibreur.

Un flotteur à suspension élastique supporte l'avant du fuselage.

Châssis terrestre. — Il se compose de deux roues distantes de 2m200, reliées élastiquement à la cellule et complétées parfois par deux patins en tubes d'acier distants de 2 mètres et susceptibles de freiner à l'atterrissage.

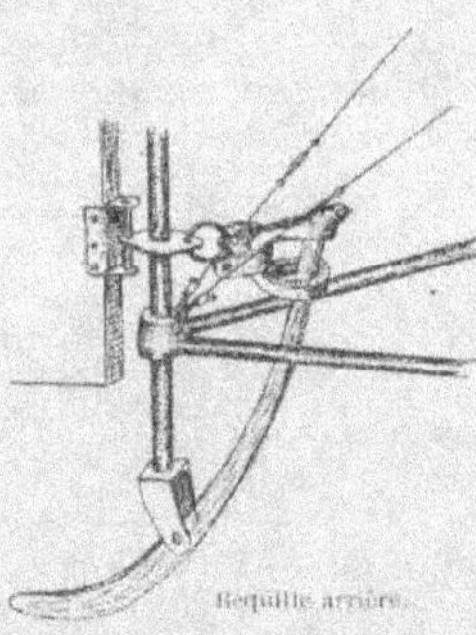

Béquille arrière.

Châssis marin. — L'appareil repose sur trois flotteurs.

Le flotteur, du type Fabre, est en bois contre-plaqué, ce qui lui donne une étanchéité parfaite. Les arêtes avant et arrière sont garnies de cuivre. Deux tubes transversaux sont fixés par des plaques vissées à la partie supérieure du flotteur.

A chaque extrémité du tube avant est articulé un ensemble de deux tubes reliés au fuselage; à l'avant par une plaque spéciale, et, à l'arrière par un autre tube transversal.

Le flotteur est donc articulé, vers l'avant, autour de ce système triangulé.

L'arrière porte un amortisseur constitué comme suit :

Dans le tube T, coulisse un tube T_2 articulé autour du tube transversal t fixe au fuselage. Entre les deux butées C_1 et C_2 est disposé le ressort de compression R qui enregistre les chocs reçus par le flotteur.

Les deux ressorts r limitent la course du T lorsque l'appareil est en vol.

Groupe propulseur. — Le moteur et l'hélice en prise directe, sont placés à l'arrière du fuselage et leur action est propulsive.

L'hélice est entièrement dégagée de l'appareil.

L'emplacement du moteur tout à fait à l'arrière en permet la visite, l'entretien ou le démontage plus facilement que dans n'importe quel appareil.

La mise en marche se fait de l'intérieur du fuselage au moyen d'une manivelle tournée par le pilote lui-même.

Résumé des caractéristiques

Surface portante	53 mq.	60 mq.
Poids à vide	370 kg.	450 kg.
Envergure supérieure	15m750	15m000
— inférieure	11m000	15m000
Longueur totale	10m400	8m950
Puissance	Variable	

AÉROPLANES ZODIAC

L'aéroplane Zodiac a été établi en vue de satisfaire aussi bien aux exigences du tourisme qu'à celles de l'aéronautique militaire.

Il est démontable, en éléments peu encombrants et, par conséquent, d'un transport facile.

C'est avec un biplan Zodiac qu'aux grandes manœuvres hollandaises, en septembre 1911, J. Labouchère, pilotant un type 2 S a effectué une série de reconnaissances avec passager. Le 25 septembre, ayant à bord le général Snyders, chef d'état-major de l'armée des Pays-Bas, il couvre en 1 h. 7 m. un circuit fermé de 100 kilomètres.

La facilité avec laquelle cet appareil se maintient en vol plané est due aussi bien à la courbure favorable de ses plans qu'au minimum de résistance à l'avancement réalisé.

Il existe deux types de biplans Zodiac, le type 2 S de tourisme et le type 2 M militaire.

Ces deux appareils diffèrent peu, mais en vue des applications militaires qui réclament un rayon d'action très étendu et une grande capacité de transport, la surface portante est augmentée, ainsi que la puissance motrice, dans le type 2 M, où tous les éléments, et particulièrement le châssis d'atterrissage, sont renforcés.

Nous décrirons le type 2 S dit de tourisme.

Ailes ou cellule. — La cellule est démontable en deux parties se raccordant sur le fuselage et surmontée du pylône de connexion.

Le dispositif d'assemblage de ces parties permet un montage très rapide sans aucun réglage minutieux. Il permet de changer l'incidence de la cellule sans toucher aux croisillons ni aux tendeurs.

Le plan supérieur a une envergure supérieure de 4 mètres à celle du plan inférieur.

En rabattant les extrémités latérales montées à charnières du plan supérieur, l'envergure peut être réduite à celle du plan inférieur, ce qui diminue l'encombrement et facilite le remisage.

Pour donner un meilleur rendement aux sur-

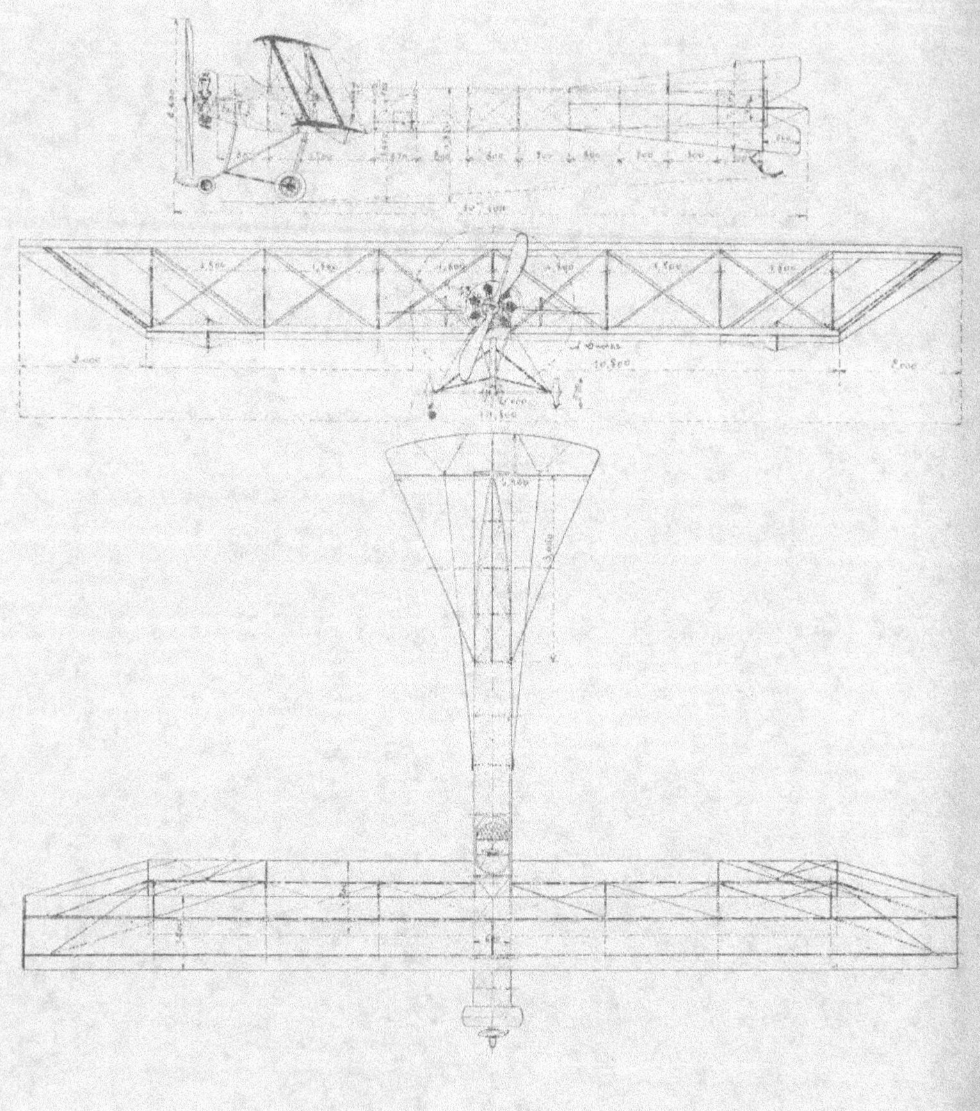

faces portantes, elles sont de très faible profondeur : 1 m. 25. De plus, les plans sont décalés de manière que le plan supérieur soit très nettement en avant du plan inférieur. Les deux plans qui sont séparés par une distance verticale de 1 m. 25 sont reliés par des montants fortement inclinés dans le sens longitudinal.

Fuselage. — Le fuselage est à section quadrangulaire. Il est entoilé sur toute sa longueur et sur ses quatre côtés de façon à présenter une surface absolument unie, sans bosse ni saillie. Pour que les bois conservent toute leur résistance, les assemblages des montants avec les traverses et les longerons sont d'un système breveté évitant complètement de percer ces trous pour le passage de boulons et de tendeurs.

Châssis d'atterrissage. — Il se compose d'un essieu mobile portant deux roues latérales de 600 × 90. Un poinçon vertical, étayé par deux jambes de force, s'appuie sur le milieu de l'essieu. Il transmet les chocs à une série d'amortisseurs en caoutchouc placés à l'intérieur du fuselage. A l'avant, une crosse oblique, se prolongeant en patin, protège l'hélice et l'empêche de venir en contact avec le sol.

Ce patin porte à l'avant deux petites roues supplémentaires. L'essieu portant les roues principales, est relié au patin par deux bielles permettant la mobilité, aussi bien dans le sens vertical que dans le sens transversal. La partie arrière du fuselage est supportée au repos par un petit patin élastique et orientable.

Empennage. — Le fuselage porte à son extrémité un empennage stabilisateur monoplan, dont la partie postérieure est légèrement portante.

Cet empennage a 3 mq 20 de surface, est placé à une assez grande distance des plans porteurs (7 mq 20 environ); il résulte de cet empattement assez considérable un équilibre excellent.

La partie postérieure est à incidence réglable.

Gouvernail d'altitude. — En même temps que la partie postérieure de l'empennage concourt à faire varier l'incidence, cet empennage est prolongé par deux ailerons en forme de parallélogramme constituant le gouvernail de profondeur. La surface de ces ailerons est de 1 mq 75.

Stabilisation transversale. — La stabilisation transversale est assurée par deux ailerons rectangulaires encastrés aux extrémités des surfaces supérieures et inférieures de la cellule. Leur surface est de 2 mq. 90.

Propulseur. — Le moteur employé est un Gnôme placé à l'avant du fuselage, où il est enfermé en partie dans un capot, destiné à éviter au pilote les projections d'huile, sans toutefois entraver le refroidissement du moteur.

Le Gnôme actionne en prise directe, une hélice tractive de 2m20 de diamètre et 1m80 de pas, tournant à 1100 tours.

Commandes. — Le capot se prolonge jusqu'à la place du passager, qui est ainsi complètement abrité du vent. Il dispose d'un vaste champ de vue libre s'étendant depuis la verticale jusqu'à l'horizon. La place du passager se confond avec le centre de gravité général de l'appareil, permettant ainsi le vol seul ou à deux, sans modification de l'équilibre.

Le poste du pilote est placé à la suite du passager et à l'arrière de la cellule. De cette place, la vue est également très dégagée.

Les commandes sont disposées pour utiliser au mieux les réflexes du pilote. Elles comportent :

1° Un levier à mouvement longitudinal, actionnant le gouvernail de profondeur.

2° Un volant placé à la partie supérieure de ce levier actionne les ailerons.

3° Une barre au pied pour assurer la manœuvre du gouvernail de direction.

Les transmissions, qui sont toutes doublées, sont en câbles souples, composés de fils d'acier fondu au creuset, et d'une résistance de 200 kilos par millimètre. Les tendeurs entrant dans les diverses transmissions sont d'un type spécial renforcé.

Gouvernail de direction. — Deux petites quilles placées l'une au-dessus de l'autre, au-dessous du fuselage, précèdent le gouvernail vertical de direction qui passe entre les deux ailerons de profondeur.

Le gouvernail de direction, en forme de trapèze, a une surface de 0m985.

Résumé des caractéristiques

Envergure : plan supérieur : 15 mètres,	Diamètre de l'hélice : 2m20
Plan inférieur : 12 mètres,	Pas de l'hélice : 1m80,
Surface portante : 32 mq. 9	Vitesse de l'hélice : 1100 tours,
Longueur des plans : 1m25	Vitesse d'avancement : 95 kilo- mètres.
Longueur de l'appareil : 11m75,	Poids monté (1 pilote) : 450 kil.
Puissance du moteur : 50 HP.	Poids porté par mq. : 16 k. 500

DEUXIÈME PARTIE

LES APPAREILS ÉTRANGERS

ALBATROS   FLANDERS
BLACBURN   GRADE
BRISTOL   RUMPLER
BUCHNER   SCHNEIDER
CURTISS   VALKYRIE
ETRICH   WRIGHT

AÉROPLANES ALBATROS

L'influence des recherches et de la construction d'Igo Etrich se fait sentir sur toute la construction allemande. Nous n'en prendrons pour preuve que la ligne élégante et dégagée du dernier biplan de l'Albatros-Werke.

Cet appareil, exposé au Salon de Paris, l'an dernier, n'est d'ailleurs pas le seul type construit dans les ateliers de l'Albatros; et nous aurons à décrire un biplan militaire de 17^m500 d'envergure dont la construction soignée est basée sur des principes fort originaux.

BIPLAN TYPE MILITAIRE

Est-ce par une sorte d'atavisme? Toujours est-il que le biplan Albatros, type militaire, de 17^m500 d'envergure, présente encore les caractéristiques générales du biplan H. Farman, dont les premiers appareils étaient une copie exacte.

Nous retrouvons, à l'avant de la cellule, l'équilibreur, combiné avec le volet complétant le stabilisateur arrière.

Nous étudierons cependant avec quelques détails la construction de cet appareil, qui présente quelques particularités fort intéressantes.

Cellule. — La cellule est à deux plans superposés, d'envergures inégales. L'envergure du plan supérieur est de 17^m500. Celle du plan inférieur de 14^m500.

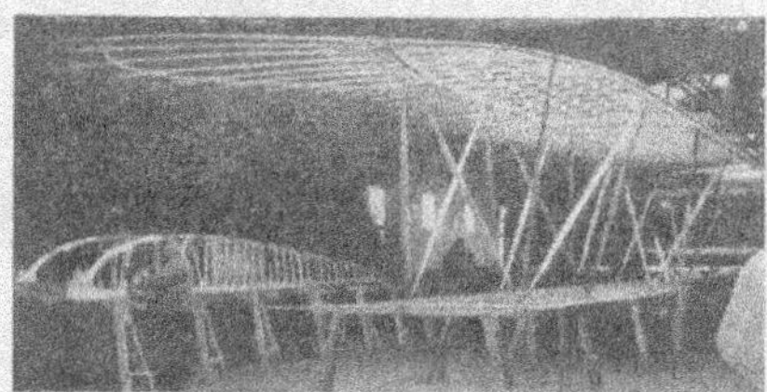

Les deux plans sont réunis par une charpente en bois, d'où tout hauban métallique, placé dans le sens de l'envergure est soigneusement exclu.

Cette charpente, établie en V au lieu de l'être, comme dans les biplans courants, en croix de Saint-André, comporte des barres de bois alternativement tendues et comprimées. L'avantage de cette construction est d'être absolument indé-

ALBATROS

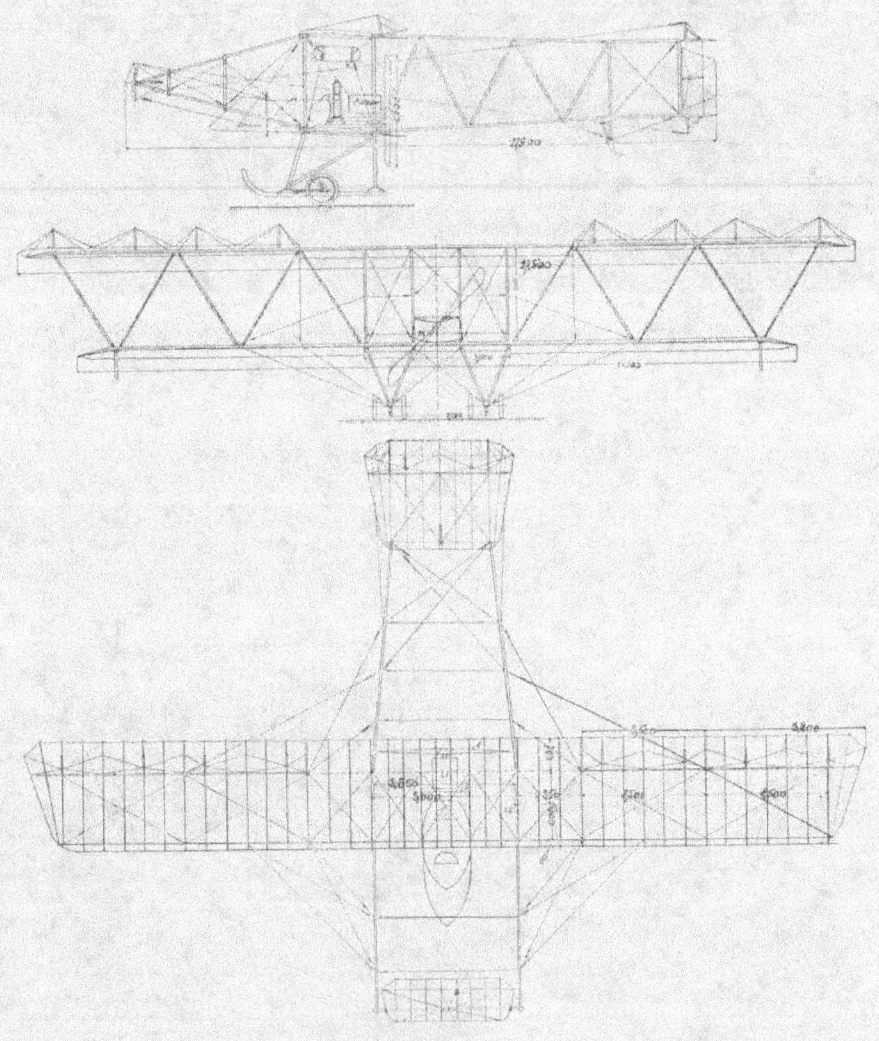

réglable, à condition d'y employer des bois de première qualité, parfaitement homogènes.

Les deux séries de diagonales sont distantes de 1^m400, la profondeur commune des ailes étant de 2^m100.

L'aile supérieure est munie de quatre ailerons conjugués deux à deux, et concourant à la stabilité transversale. La surface totale des ailerons est voisine de 8 mq. On conçoit la puissance d'un tel système.

Équilibreurs. — La stabilisation longitudinale est assurée par le moyen de deux équilibreurs combinés : l'un à l'avant, compensé, fixé à l'extrémité d'une charpente triangulée à la Farman ; l'autre à l'arrière, composé d'un volet mobile à l'extrémité de chacune des surfaces trapézoïdales de l'empennage.

Fuselage. — Le fuselage entoilé spécial établi dans le but de protéger le pilote et le passa-

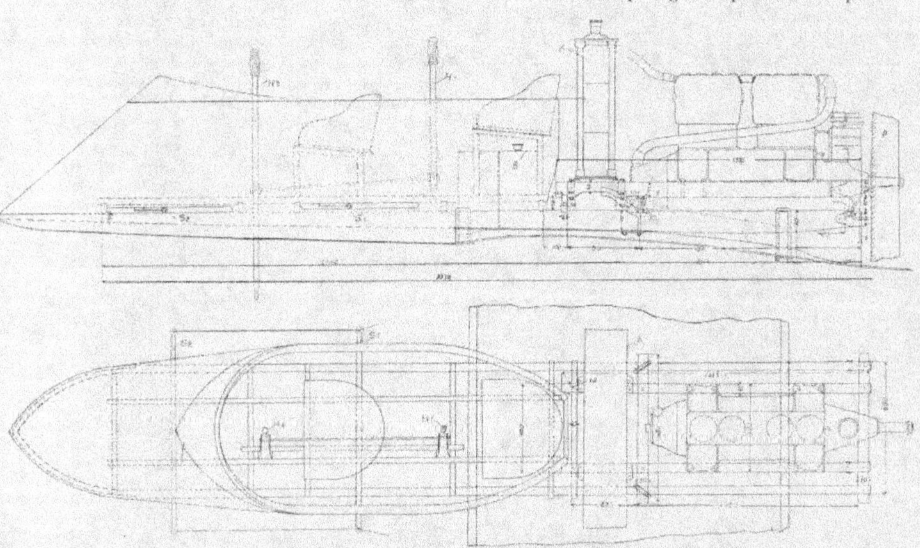

Poutre de liaison. — La poutre de liaison unissant la grande cellule à la petite cellule arrière est construite suivant un principe analogue. Cependant, des haubans métalliques sont utilisés pour assurer l'indéformabilité de l'ensemble de l'appareil. Ils jouent uniquement le rôle de contreventement transversal.

Châssis porteur. — Le châssis comporte deux patins parallèles disposés dans la cellule et munis respectivement de deux roues suspendues élastiquement. La distance d'axe en axe des deux patins est de 2 mètres.

ger, affecte une forme « en sabot » fort ingénieuse.

On y rencontre, dans l'ordre :

La place du passager (P. 2) ;

Celle du pilote (P. 1),

pourvues de doubles commandes conjuguées ;

Le radiateur du moteur ;

Le groupe propulseur proprement dit ;

Nous ne parlerons point des commandes, actionnées « à la Farman » par un levier et un palonnier.

Le moteur est un Daimler actionnant l'hélice en prise directe.

Ailerons. — Les ailerons de stabilisation sont caractérisés par une propriété fort intéressante. Ils agissent, non pas par augmentation, mais uniquement par diminution d'incidence. En choisissant cette disposition, le constructeur a recherché la souplesse la plus grande dans la commande et l'élasticité la plus considérable de la trajectoire.

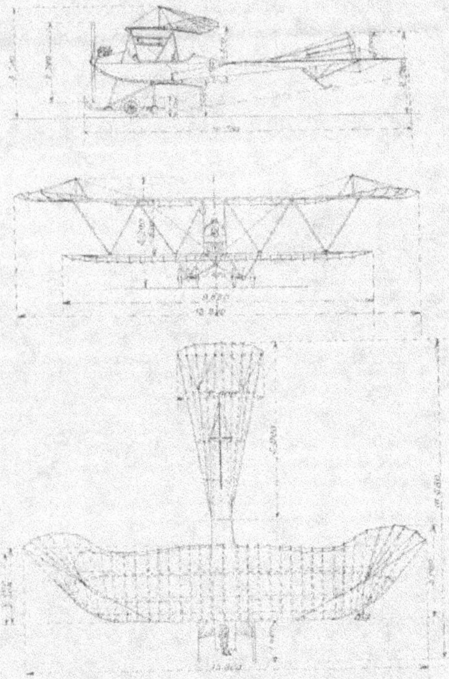

BIPLAN TYPE TOURISME

Cet appareil, exposé au Salon de Paris, en 1911, a obtenu un sincère succès. On y retrouve les ailes genre Etrich, dont nous parlions plus haut.

A part les procédés constructifs et pour ne parler que du centrage, le biplan Albatros type tourisme, ressemble un peu au biplan Zodiac.

Cependant, avec ses plans décalés et inégaux, sa carcasse essentiellement rigide et ses surfaces dentelées, il présente un aspect très original.

Cellule. — Formée de deux plans inégaux décalés, la cellule est de construction analogue à celle du type militaire décrit plus haut : chacune des ailes comporte deux longerons et des nervures, le tout assemblé avec soin et croisillonné par de la corde à piano. Les nervures extrêmes, plus longues, vont en divergeant pour former aileron souple. L'envergure supérieure est de 13^m200; l'envergure inférieure de 9^m160; les plans ont respectivement 2^m500 et 1^m800 de largeur. Il est à noter que les ailerons, qui agissent par flexion de bas en haut, ne sont placés qu'au plan supérieur et qu'ils doivent, tant à leur grande surface active qu'à leur bras de levier considérable, une action particulièrement énergique.

Fuselage. — Le fuselage, de section quadrangulaire, est un véritable fuselage de monoplan. Il est fixé au centre de la cellule. Il est absolument indéréglable et extrêmement robuste. Il porte, à l'avant, le moteur, dissimulé sous un élégant capot. Puis les sièges du passager et du pilote. Enfin, tout à l'arrière, la queue, dont la longueur totale, n'est pas inférieure à 5^m900 et qui agit par flexion, comme dans le monoplan Etrich.

Il n'est pas jusqu'au gouvernail de direction dont la construction se prête à une action analogue.

Châssis d'atterrissage. — Le châssis comporte deux patins solidement entretoisés, pourvus chacun de deux roues montées élastiquement.

Une petite béquille élastique supporte l'arrière du fuselage et protège la queue, cependant qu'un frein puissant analogue au frein Rumpler, est disposé à l'arrière des patins du châssis, pour arrêter rapidement l'appareil lors de l'atterrissage.

Caractéristiques comparées des deux types

	Militaire	Tourisme
Surface portante	65 mq	45 mq
Envergure supérieure	17^m500	13^m200
Envergure inférieure	14^m500	9^m860
Longueur	11^m900	10^m580
Puissance	60 HP	60 HP
Vitesse moyenne	70 km-H^{re}	85 km.

AÉROPLANES BLACKBURN

La « Blackburn Aeroplane Cᵒ » 5 qui est une branche de la maison « R. Blackburn et Cᵒ », ingénieurs, de Leeds, construit trois types de monoplans, et nous nous proposons de décrire en détail le type E. biplace.

Cet appareil, par l'arrangement général du fuselage, des ailes et de l'empennage, rappelle les lignes de l' « Antoinette »; mais il comporte bien des points intéressants à noter.

Les principales dimensions sont les suivantes :

Envergure....	12ᵐ800	10ᵐ970
Longueur.....	9ᵐ750	9ᵐ750
Surface.......	25ᵐ64	20ᵐ43
Poids à vide..	362 kg.	273 kg.
Moteur........	70 HP Renault	50 HP
Vitesse.......	90 km. à l'heure	105

Fuselage. — Le fuselage, de section triangulaire, est composé de trois longerons en tubes d'acier ronds, reliés par des croisillons, montants et traverses de section ovale, assemblés et non soudés.

Toutes les pièces composant cet appareil sont établies en série et interchangeables.

En cas d'accident, la partie endommagée peut être rapidement démontée et remplacée par une autre partie semblable; tous les assemblages étant faits à l'aide de raccords ou colliers spéciaux.

L'avant est de plus recouvert d'un capot métallique lui donnant un surcroît de robustesse et tendant à diminuer notablement la résistance à l'avancement par sa forme bien étudiée.

De l'avant à l'arrière, le fuselage supporte le groupe propulseur, les sièges du passager et du pilote, et, à l'arrière, les empennages et gouvernails.

Ailes. — Les ailes sont établies d'une façon très robuste. Il y a deux longerons tubulaires à chaque aile, sur quoi sont supportées les nervures en I espacées d'environ 300ᵐᵐ d'axe en axe; ces nervures, composées d'une âme en tôle découpée reçoivent les lilaux de bois supportant la toile sont reliées entre elles par une série de lames de bois dont le rôle est de maintenir l'entoilage.

BLACKBURN

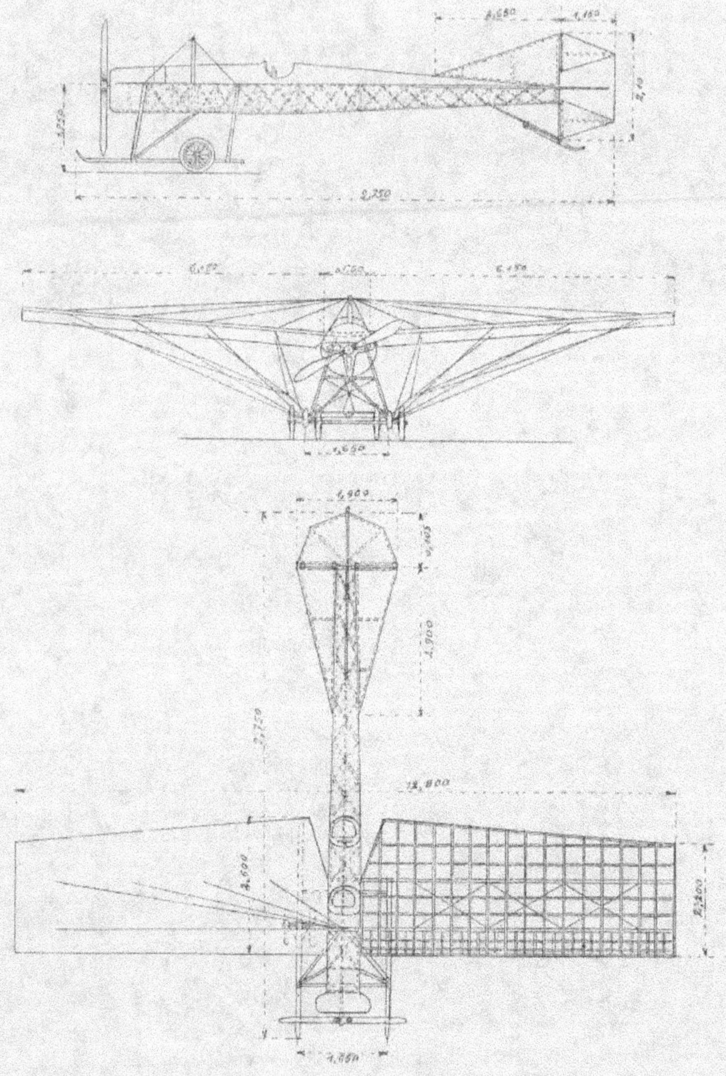

Les longerons d'avant ne sont pas encastrés, mais viennent s'assembler à une pièce métallique spéciale, où ils sont articulés.

Cette pièce d'assemblage, au travers de quoi passe le poinçon de haubannage, est solidement reliée au fuselage par le poinçon lui-même et deux pièces formant arbalétrier.

L'attache d'arrière est constituée par une simple articulation sur le longeron du fuselage pour permettre le gauchissement sans fatiguer la membrure de l'aile.

Quant aux haubans inférieurs, ils sont reliés au tiers inférieur des jambes de force du châssis qui, pour la circonstance sont réunies entre elles par une solide entretoise.

Les haubans d'arrière, réunis par patte d'oie, viennent s'attacher à un balancier de renvoi du type habituel.

Châssis d'atterrissage. — Le châssis supportant l'ensemble est d'une robustesse à toute épreuve. Il se compose de deux longs patins reliés au fuselage par quatre forts montants, que viennent compléter deux jambes de force. Chaque patin est formé par un train de roues genre H. Farman.

A l'arrière, une béquille à amortisseur caoutchouc garantit le gouvernail inférieur contre les chocs.

Queue. — Le raccord qui assemble, à l'arrière, les deux longerons supérieurs du fuselage, est aménagé pour recevoir, en avant, le longeron arrière de l'empennage horizontal; et, en arrière, le mât autour duquel sont articulés les gouvernails de direction.

L'empennage horizontal est triangulaire; l'équilibreur pentagonal a une surface de 1,50 mq.

Il y a deux gouvernails verticaux superposés, de forme triangulaire, permettant les mouvements de l'équilibreur.

Organes de contrôle. — Les commandes sont établies de manière à offrir au pilote le maximum de confort, sans qu'il soit gêné, dans son poste, par des fils et des leviers encombrants.

Tous les organes sont commandés à la main, les pieds étant libres pour actionner les diverses pédales. Pour le gauchissement, le volant tourne autour de son axe, et communique le mouvement aux câbles de commande par le moyen de deux poulies supportées dans une boîte réunissant les deux moitiés du tube-pivot.

L'équilibreur est actionné par les mouvements de haut en bas du levier portant le volant.

Le gouvernail est mû par les mouvements latéraux du même levier.

Groupe moto-propulseur. — Il est composé d'un moteur Renault 70 HP actionnant une hélice « Blackburn » tractive.

La provision d'essence et d'huile emportée, tant dans le réservoir sous pression fixé sous le fuselage, que dans le réservoir intérieur, est suffisante pour 5 heures de marche.

BRISTOL

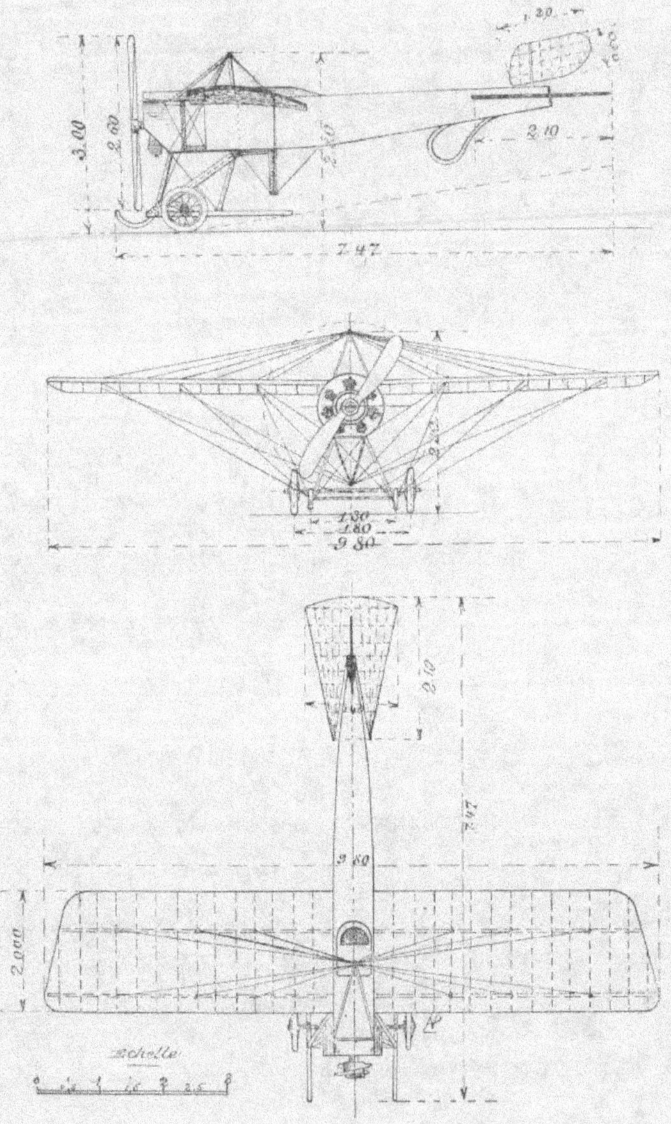

MONOPLANS BRISTOL

C'est au début de 1910 que le Baronnet Sir George White mit sur pied d'un seul coup ses établissements « Bristol » bien avant que le Monde ne se fût rendu compte de l'importance extrême qu'allait prendre l'Aviation. Personne d'ailleurs à cette époque ne voyait la possibilité ou la nécessité de fonder de grandes usines d'Aéroplanes.

Depuis cette époque, la Compagnie fit d'étonnants progrès, prenant directement la tête de l'industrie anglaise dans cette branche, et il est douteux aujourd'hui qu'aucune maison continentale puisse lui disputer la première place en ce qui concerne le luxueux aménagement de ses ateliers, de ses écoles et de son organisation en général.

Le monoplan Bristol a été conçu et mis au point par l'ingénieur Pierre Prier, qui fit la traversée Londres-Paris, sans escale, le 12 avril 1911, en 3 h. 50.

Aux essais officiels, cet appareil, avec deux personnes de 75 kil. à bord, des approvisionnements pour 4 heures de marche et tiré par un moteur Gnôme de 50 chevaux, a accusé une vitesse de 330 mètres en 4 minutes 5 secondes et de 650 mètres en 13 minutes.

L'allumage étant supprimé dans un des cylindres du moteur 50 HP, le monoplan vole parfaitement avec une charge utile de 190 kgs à la vitesse de 98 kilomètres à l'heure.

L'appareil se distingue par un grand nombre de points très caractéristiques : l'absence de tout empennage fixe ou plan porteur à la queue, le châssis à patins articulés, s'effaçant à l'atterrissage, le mode de construction des ailes, le montage du moteur, etc.

Ailes. — Les ailes se composent d'éléments soigneusement calibrés pouvant pivoter autour des longerons ; ceux-ci sont constitués par des tubes d'acier de large section fourrés de bois. Par ce moyen le gauchissement, qui dans tout autre système n'a lieu que par torsion des matériaux, se produit ici par simple rotation des éléments sans affaiblir ni soumettre à des efforts anormaux la charpente de l'aile.

Leur envergure est de 10m,25.

Fuselage. — Le fuselage est une poutre armée de section quadrangulaire composée de longerons en frêne entretoisés par les montants et des traverses de profil spécial. L'assemblage se fait au moyen de pièces en tôle d'acier supprimant toute perforation des longerons, ce qui assure à ceux-ci une section partout uniforme.

Châssis. — Le châssis d'atterrissage constitué par des éléments d'une très grande élasticité offre une résistance à toute épreuve; outre le système des amortisseurs en caoutchouc, les chocs sont absorbés par de puissants ressorts combinés avec les patins avant. Ce châssis permet les départs et les atterrissages dans les terrains les plus mauvais et assure à l'appareil l'impossibilité de capoter.

Equilibreur. — L'équilibreur est de la forme dite en queue de pigeon. Il se compose d'un plan échancré pour recevoir l'extrême arrière du fuselage et pouvant pivoter autour de lui légèrement en avant de son centre de pression.

Stabilisateur transversal. — La stabilisation transversale a lieu par gauchissement du bord postérieur des ailes, reliées à cet effet au poste de commande.

Propulseur. — Le propulseur se compose d'un moteur Gnôme. Celui-ci, monté en porte-à-faux est fixé par une tôle d'acier emboutie qui constitue l'avant du fuselage, et par un système de tendeurs ajustables d'une rigidité absolue. Il est parfaitement accessible sans aucun démontage de l'appareil.

Il commande directement une hélice du type Bristol, dont le genre de construction rappelle celui de l'Intégrale.

Cette hélice a un diamètre de 2m,40 et un pas de 1m,80. Elle peut, en tournant à 1200 tours, imprimer à l'aéroplane une vitesse de 70 kilomètres à l'heure.

Commandes. — Dans le fuselage, complètement entoilé, est ménagé un emplacement pour le pilote, de façon telle qu'il soit complètement abrité, tout en ayant la plus grande faculté de visibilité possible.

Le pilote a les épaules et la tête au-dessus des ailes.

Tous les câbles de commande sont doublés et la manœuvre est simplifiée autant que possible, un seul levier agissant à la fois sur le gouvernail d'altitude, tandis qu'un palonnier actionne le gouvernail de direction.

Gouvernail de direction. — Il se compose d'un plan vertical mobile autour d'un tube-palier fixé à l'extrême arrière du fuselage.

Résumé des caractéristiques

Envergure : 10m,25.
Surface portante : 18 mq. 5.
Longueur : 7m.
Puissance du moteur : 50 HP.
Diamètre de l'hélice : 2m,40.
Pas de l'hélice : 1m,80.
Vitesse : 1200 tours.
Vitesse d'avancement : 100 kil.
Poids monté : 360 kgs.
Poids porté par mètre carré : 20 kgs.

AÉROPLANES BÜCHNER

Construits par la « Deutschen Flugzeug Werke », sous la direction du chef pilote Büchner, l'aviateur allemand bien connu, ces appareils sont remarquables, autant par la beauté de leur construction que par les dispositions ingénieuses qui y abondent.

Nous parlerons du monoplan et du biplan, dont la ligne générale est la même; mais nous insisterons sur la construction du biplan, qui est réellement intéressante.

Fuselage. — Le fuselage est à section ovale. Toute sa partie avant est recouverte de bois contre-plaqué en trois épaisseurs, tandis qu'il est entoilé à l'arrière.

A l'avant, protégé par un capot de forme séduisante, est disposé le moteur, en arrière duquel est placé le siège du passager. Le pilote est en arrière des ailes. Ce dispositif permet de répartir les masses. Le moment d'inertie de la machine est augmenté, à l'inverse de ce qu'ont recherché d'autres constructeurs, comme MM. Flanders ou Pagny (Hanriot).

Le moteur est un 100 HP Mercédès à 6 cylindres verticaux, refroidis par circulation d'eau. Il actionne une hélice Garuda, qui permet une vitesse d'environ 80 kilom. à l'heure.

Ailes. — Le biplan Büchner est à plans décalés. La surface supérieure a 16^m400 d'envergure et 2^m400 de profondeur; le plan inférieur a 11^m600 × 2 m. Le décalage du bord avant est de 550^{mm}. Les surfaces sont distantes de 2 mètres et présentent un dièdre transversal.

Les plans ne sont reliés par aucun montant rigide. Il existe seulement une cabane au-dessus du fuselage, qui permet le haubannage des surfaces à la manière des ailes de monoplan. La

BUCHNER

liaison purement funiculaire des ailes permet un démontage extrêmement rapide.

En effet, il suffit de détacher deux chevilles pour libérer les câbles sans les dérégler. Les câbles sont calculés pour résister chacun à une traction de 500 kgs.

Les ailes sont constituées par deux longerons sur lesquels sont fixés les courbes.

Il y a 36 pennes distantes de 455ᵐᵐ pour le plan supérieur.

Chacune des ailes inférieures comporte 13 panneaux de 435ᵐᵐ.

Les extrémités des ailes supérieures portent deux ailerons de stabilisation dont la grande surface assure la parfaite efficacité.

Le monoplan a 16 mètres d'envergure. Les ailes, fixées d'une manière analogue, se retournent vers l'arrière et vers le haut. Elles sont gauchissables.

Empennages et gouvernails. — Les appareils comportent, à l'arrière, un empennage horizontal triangulaire de 6 mq., prolongé par un équilibreur trapézoïdal.

Dans le biplan, cet équilibreur est en deux panneaux conjugués pour permettre les mouvements du gouvernail vertical, dont la surface est augmentée.

Près du siège du pilote, et à droite, se trouve, à l'extérieur du fuselage, un petit volant permettant de modifier, en vol, l'incidence de la partie avant de l'empennage.

Ce dispositif breveté est destiné à régler la vitesse pendant la marche et a donné, notamment au Concours Militaire Anglais, où le monoplan était piloté par le lieutenant Bier, les meilleurs résultats.

Châssis d'atterrissage. — Le châssis comporte deux bâtis latéraux en U fixés au fuselage : à leur partie supérieure et réunis, vers le bas, par une charpente entoilée dont le centre prend appui sur le fuselage.

Chaque patin porte des amortisseurs sous lesquels se trouve pris l'essieu unique portant quatre roues. Ces roues sont fixées à l'essieu deux à deux par un système de ressorts de compression leur permettant de céder sans se rompre pendant les atterrissages par vent latéral.

L'arrière du fuselage est supporté par une béquille élastique orientable protégeant le système stabilisateur.

Résumé des caractéristiques

	Monoplan	Biplan
Surface portante........	41 mq.	61 mq.
Poids à vide............	487 kg.	532 kg.
Envergure supérieure..	16 m.	16ᵐ400
inférieure ...	16 m.	11ᵐ800
Longueur totale	13ᵐ500	11ᵐ400
Stabilisation...........	Gauchissement	2 ailerons
Puissance.............	100 HP	100 HP
Vitesse................	80 km.	80 km.

CURTISS

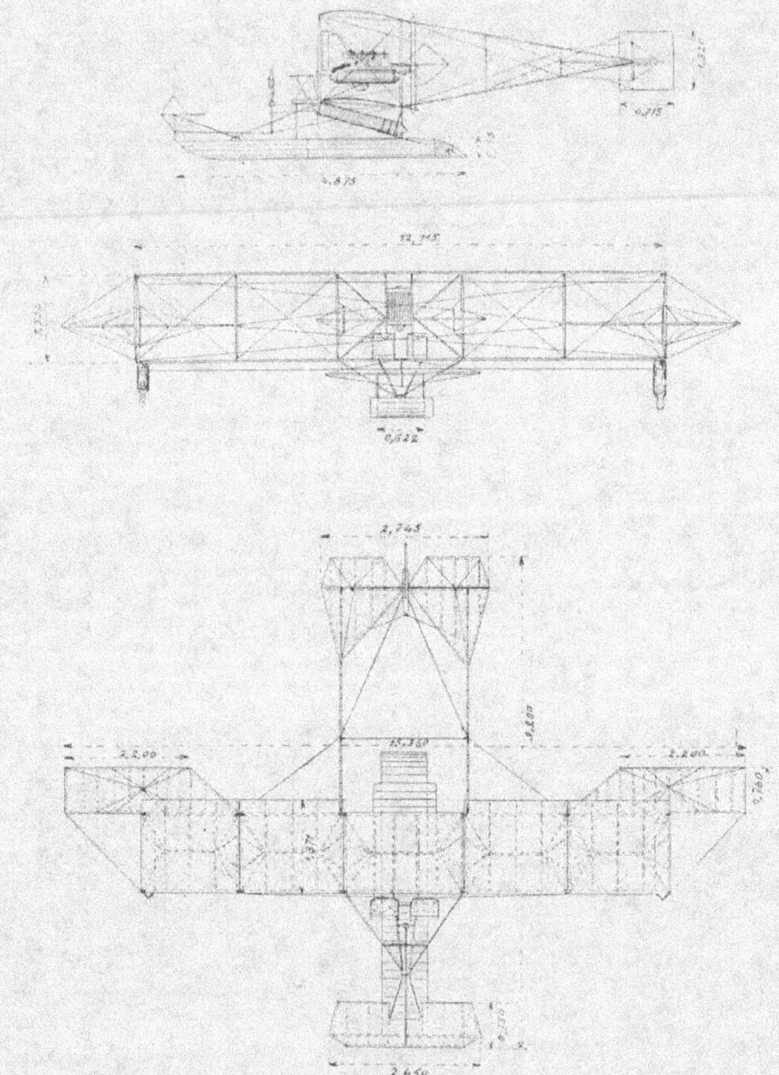

HYDRO-AÉROPLANES CURTISS

Nous ne voulons point rappeler ici l'historique des travaux fort intéressants de Glenn H. Curtiss.

Depuis le premier appareil commercial établi par lui, et exhibé victorieusement au meeting de la Champagne en 1909, ses appareils ont cependant subi bien des modifications.

Le genre de construction, en bambous, est demeuré le même; cependant que le centrage se modifiait, avec les applications recherchées.

Les ailerons, disposés primitivement à l'avant de la cellule, passaient à l'arrière; l'ensemble cellulaire constituant l'équilibreur avant disparaissait pour faire place à un équilibreur arrière unique et hypertrophié. Puis cet équilibreur s'échancrait pour laisser osciller librement un gouvernail vertical unique et agrandi, lui aussi.

Nous ne rappellerons que pour mémoire les expériences faites à bord des navires de guerre par Eug. Ely, notamment celles du 17 février. Dans l'appareil employé pour ces essais, l'équilibreur avant avait été supprimé, et le groupe propulseur placé devant le pilote, le siège de celui-ci étant reporté à l'arrière des ailes. Une autre expérience fut même faite en ajoutant un troisième plan superposé aux deux premiers. Le triplan ainsi équipé put transporter un poids utile supplémentaire de 90 kgs.

En septembre 1911, la charpente avant fut définitivement supprimée et l'équilibreur avant placé très bas au-dessus du flotteur (type commercial). Le 10 janvier 1912, une expérience fut faite avec un appareil à deux hélices tractives tournant dans le même sens. Le flotteur mesurait 6m100 de longueur. Malgré l'efficacité des hélices, le « bateau volant » ne donna pas entière satisfaction, par suite de la transmission par chaîne.

HYDRO-AÉROPLANE, TYPE E-75

Deux types d'appareils marins existent : les modèles D et E. Ils sont identiques aux appareils terrestres, avec cependant la différence qu'ils sont évidemment pourvus d'un flotteur.

La machine D a 8 mètres d'envergure et une longueur totale de 7m780. Elle est munie d'un moteur Curtiss de 60 ou 75 HP. La puissance commerciale du type E à deux places est de 75 HP. Nous décrirons le biplan type E-75.

Ailes. — Son envergure est de 8m750. Les plans sont couverts sur leurs deux faces de toile Goodyear vernie. Aucun fil d'acier n'existe à l'intérieur des ailes, dont la rigidité est assurée par des lames de bois. Chaque plan est en cinq parties rapidement démontables, les nervures extrêmes étant assemblées entre elles par des colliers d'acier.

Tous les bois, sauf les longerons extérieurs en bambous, et quelques pièces de sapin à l'avant, sont en spruce. Les nervures dépassent très peu en arrière du longeron postérieur. Les nervures ont 0m009 de flèche au tiers avant.

Les deux équilibreurs arrière travaillent en opposition avec l'équilibreur avant par le moyen

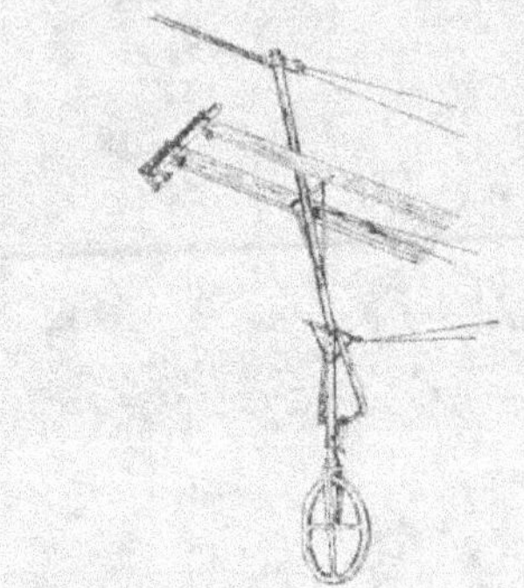

de câbles de commande guidés par des tubes Bowden.

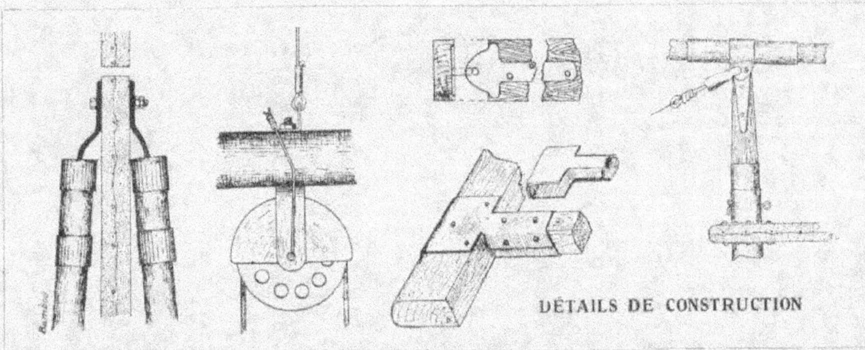

DÉTAILS DE CONSTRUCTION

Équilibreurs. — L'équilibreur avant est plus grand que dans les appareils terrestres. Il est entoilé sur ses deux faces, et monté de la même manière que les ailerons, c'est-à-dire que les nervures, dans les équilibreurs et les ailerons, butent entre les longerons, avec lesquels elles sont assemblées par des raccords spéciaux.

Ce système est aussi employé pour les ailes. Naturellement, il n'y a aucune penne de bambou prolongeant la nervure pour les ailerons et l'équilibreur.

Commandes. — Les commandes sont instinctives : en poussant le levier, les équilibreurs donnent à descendre. En le tirant, ils mettent à monter.

Deux surfaces fixes triangulaires existent en avant des équilibreurs arrière. Elle ne sont pas portantes en principe, mais leur incidence est réglable.

La rotation du volant de commande à droite et à gauche donne la direction.

Les ailerons se commandent par déplacement du buste de l'aviateur.

Ailerons. — Les ailerons sont construits de la même manière que les équilibreurs et gouvernails. Ils sont fixés aux deux montants arrière extrêmes de la cellule. A la réunion des câbles et du dossier du siège, une combinaison intervient, permettant de libérer les ailerons, pour que le passager puisse, par une manœuvre personnelle, s'exercer à leur maniement.

L'extrémité supérieure du levier de commande est articulée et mobile le long d'un secteur, de telle manière que chacun des aviateurs puisse avoir le volant en face de son siège pour prendre en mains facilement la commande de l'appareil.

Dans certains appareils d'apprentissage, il y a double commande avec enclanchement de sécurité.

Groupe propulseur. — Le bâti du moteur est en tube d'acier. Le moteur est légèrement incliné pour que l'hélice tourne vers le bas, sous un angle très faible. Le moteur est un Curtiss, magnéto Bosch, carburateur Schebler, et entraîne une hélice de 2ᵐ250 de diamètre et 2ᵐ130 de pas.

Flotteurs. — Le flotteur, qui pèse 57 kgs, est en spruce, sur une carcasse en spruce et est divisé en trois compartiments. Il est « cuirassé » à l'avant pour ne pas se détériorer quand l'appareil s'échoue.

L'appareil pèse, sans pilote, 385 kgs.

BIPLAN DE COURSE

Le biplan de course « sans tête » est une édition de poche de la machine commerciale.

La cellule a une surface de 16 mq, pour un poids total, avec pilote, de 363 kgs. Le moteur est un 75 HP Curtiss. Des bretelles ajustables lient le pilote au dossier de son siège et l'empêchent de tomber dans les descentes violentes. Le pilote peut d'ailleurs s'en libérer instantanément.

L'hélice est une hélice Curtiss de 2ᵐ250 de diamètre et 2ᵐ130 de pas. Le réservoir d'essence a une capacité de 45 litres, suffisante pour 1 heure 1/2 de marche.

Les procédés de construction et de commande sont les mêmes que dans les grands appareils.

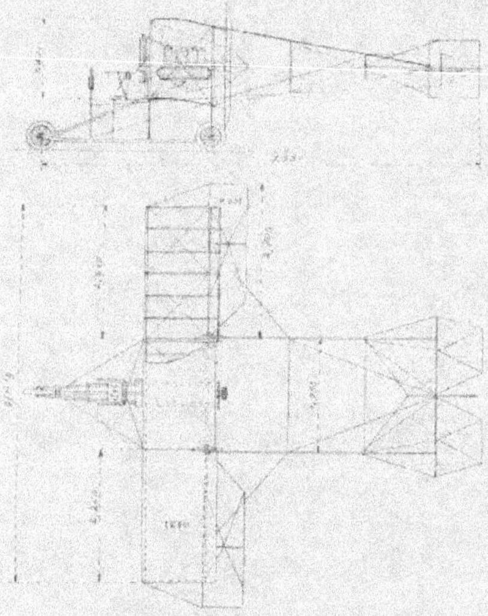

Résumé des caractéristiques

	Type D	Type E	Type course
Surface..................	22m²	24m²	16m²
Poids à vide............	350 kg.	385 kg.	250 kg.
Envergure...............	8ᵐ000	8ᵐ750	6ᵐ500
Longueur................	7ᵐ780	8ᵐ600	7ᵐ550
Puissance...............	75 HP	75 HP	75 HP
Diamètre de l'hélice....	2ᵐ250	2ᵐ250	2ᵐ250
Pas.....................	2ᵐ130	2ᵐ130	2ᵐ130
Vitesse.................	90 km.	85 km.	105 km.
Poids utile.............	195 kg.	250 kg.	113 kg.
Charge par mètre carré..	25 kg.	26 k. 5	22 k. 5

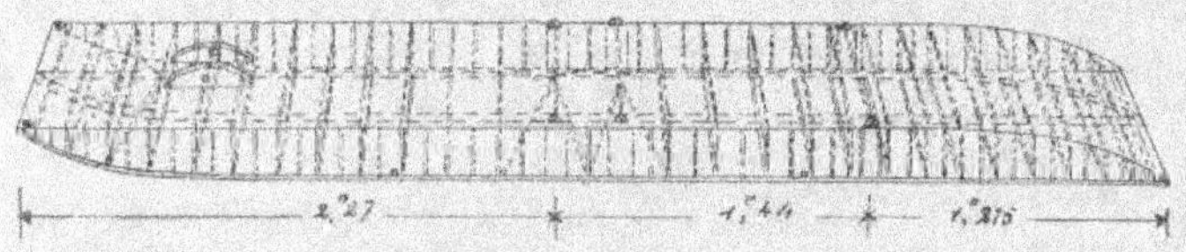

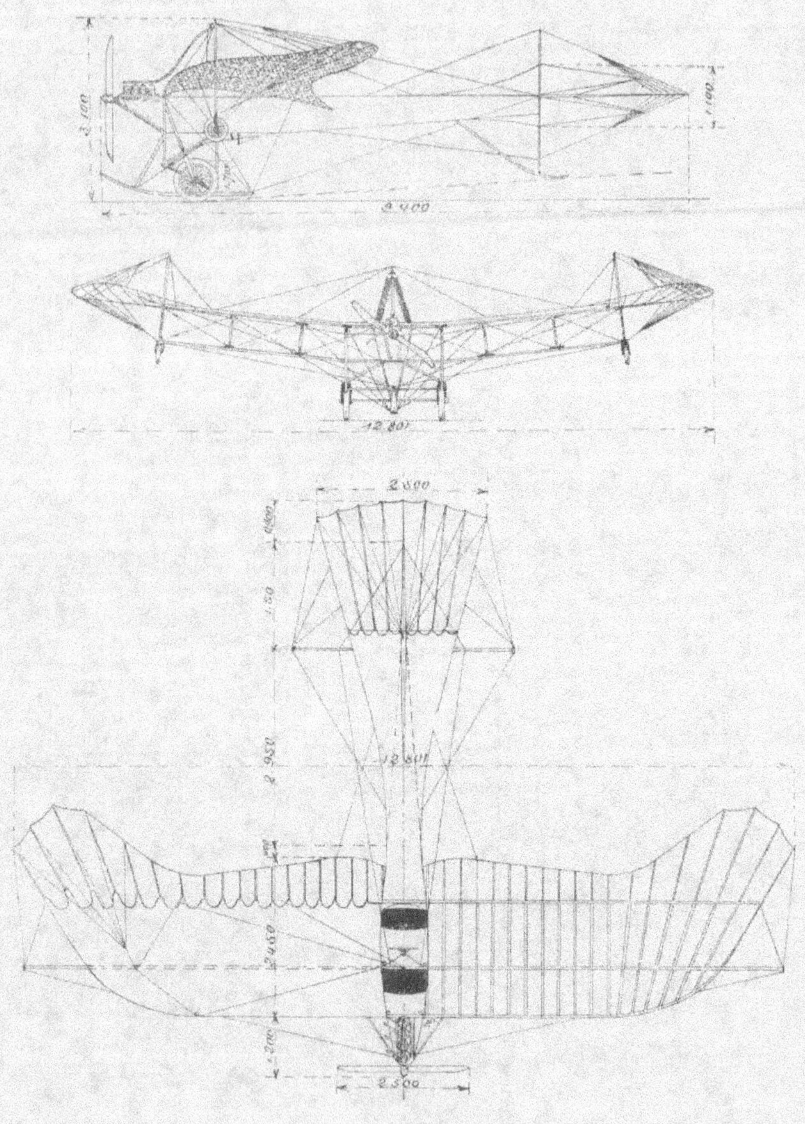

AÉROPLANES ETRICH

Une place considérable parmi les pionniers du vol mécanique doit être réservée à Igo Etrich, qui est le premier constructeur autrichien d'aéroplanes. Non content d'avoir construit une machine qui volerait simplement, il a traité plus profondément le problème, de manière à établir un aéroplane naturellement stable dans un milieu troublé.

Comme les premiers aviateurs, les frères Wright, Igo Etrich commença par étudier le planement et le vol de l'oiseau en 1898, quand il connut Lilienthal. Plus tard, il étudia les organes propulseurs de toutes les espèces d'animaux volants : oiseaux, insectes, chauves-souris, poissons volants ; et même examina les différentes espèces de graines volantes : celles du sycomore et du pin, par exemple, qui sont si abondantes dans le royaume végétal.

Des expériences furent effectuées en 1904 avec un planeur de sa construction, et l'ingénieur Wels accomplit pendant l'année, à Trautenau, des vols de plus d'un kilomètre de longueur.

Ce ne fut pas avant 1909 qu'un monoplan à moteur fut établi qui, piloté par Illner, battit aussitôt les records autrichiens. Depuis cette époque, il a subi améliorations sur améliorations et aujourd'hui le monoplan Etrich est universellement rangé parmi les plus stables et les mieux étudiés des appareils aériens.

Ailes. — La caractéristique essentielle du monoplan Etrich est la forme particulière de ses ailes, rappelant celles de l'oiseau ; cette forme mérite une étude soignée.

La description sera facilitée par l'examen des croquis et diagrammes accompagnant le texte. La partie avant de chaque aile est construite rigidement des nervures en bois assemblées sur 3 longerons, dont celui d'avant forme le bord d'attaque de l'aile. L'aile est entoilée sur les deux faces au moyen de toile Continental. Derrière le troisième longeron, les nervures sont prolongées par des bambous qui, couverts d'une seule épaisseur de toile, forme un bord de sortie flexible.

La courbure est très faible, de même que l'incidence, même au point où les ailes sont attachées au fuselage. En s'éloignant vers l'extrémité de l'aile, la courbure et l'incidence diminuent; les extrémités flexibles des ailes ont ainsi une incidence franchement négatives. C'est à cette particularité que le monoplan Etrich doit sa parfaite stabilité naturelle.

L'équilibre latéral est assuré en élevant l'extrémité de l'une des ailes par le moyen d'un câble qui, passant sur une poulie frappée au sommet d'un mât fixe se divise en huit fils rattachés aux extrémités flexibles des nervures de l'aileron. Un câble de rappel abaisse l'aileron opposé d'une même quantité.

Une grande force est assurée aux ailes par une poutre armée en tubes d'acier qui soutient le longeron central, et permet à l'aile de supporter des efforts beaucoup plus considérables que ceux auxquels elle est exposée en vol.

Une petite roue, montée à l'extrémité inférieure du mât de gauchissement protège les ailerons du contact avec le sol.

Queue. — L'empennage arrière est constitué comme la surface des ailes. Son incidence et sa courbure sont nulles. La portion flexible forme l'équilibreur, commandé par conséquent, non point par articulation, mais par flexion.

Deux petits gouvernails triangulaires, l'un au-dessus, l'autre au-dessous de la queue sont commandés par des pédales disposées auprès du siège du pilote.

Fuselage. — Le corps du monoplan Etrich est une poutre pisciforme constituée par quatre longerons de bois réunis par des montants et entretoisés par du fil d'acier. De l'emplacement du moteur, le fuselage va en s'élargissant vers le siège du pilote; la section trapézoïdale va en s'effilant vers la queue où elle se termine suivant une ligne verticale.

Pour diminuer la résistance à l'avancement, le fuselage est entièrement recouvert : à l'avant, en tôle; à l'arrière, en toile.

Le pilote et le passager sont assis en tandem entre les ailes; le pilote en arrière a, à portée de sa main, les organes de commande :

L'équilibre longitudinal et latéral est commandé par un volant, monté sur levier.

Le châssis d'atterrissage, genre Blériot, est complété par un patin central; les roues sont orientables à la volonté du pilote, en même temps que le gouvernail de direction.

Système moto-propulseur. — Le moteur Daimler, à quatre cylindres verticaux, actionne l'hélice en prise directe. Très ingénieuses sont la construction et la disposition en V inversé du radiateur qui est monté au-dessus du siège du passager.

Dans le cas où la pompe à eau du moteur ne fonctionnerait point, la circulation effective serait quand même garantie par thermo-siphon, en raison de la disposition du radiateur.

Résumé des caractéristiques

Surface portante : 32 mq.
Poids à vide : 400 kgs.
Envergure : 12^m,810.
Longueur totale : 9^m,380.
Puissance : 60 HP.
Vitesse : 90 kilomètres à l'heure.
Charge utile : 200 kgs.
Poids par mq. : 19 kgs.

MONOPLAN FLANDERS

Quoique, dans son apparence extérieure, le monoplan anglais Flanders suive plus ou moins les lignes générales auxquelles nous ont habitué les constructeurs, il comporte plusieurs détails qui valent la peine qu'on y prête attention, et, entre autres, ce procédé de construction qui consiste à rassembler tous les organes de l'appareil autour d'un poste central qui forme le support direct du moteur et du pilote.

Les dimensions générales de l'appareil sont les suivantes : envergure : 10^m050; longueur totale : 9 mètres; largeur moyenne des ailes : 2 mètres.

Ailes. — La forme des ailes est celle d'un trapèze; leurs extrémités sont très arrondies, et leur construction est telle que l'incidence et la

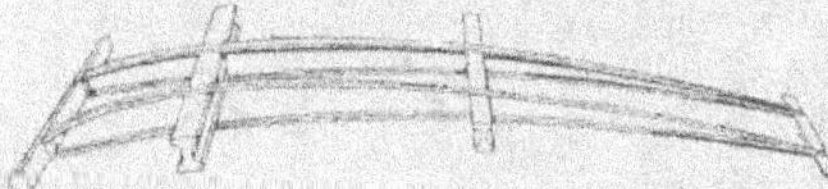

courbure décroissent à la fois de l'épaule à l'extrémité.

C'est ainsi que l'incidence est de 7° à l'épaule, et s'abaisse à 4° à la dernière nervure. De même, la corde est de 0^m100 au fuselage, et disparaît à l'extrémité.

Les fils de gauchissement sont passés autour d'une petite poulie commandée par un câble fixé aux organes de contrôle mis à la disposition du pilote. Les longerons d'ailes sont en frêne à section en I, les ailes du I étant sectionnées à la rencontre des nervures maîtresses qui alternent avec les nervures-squelette. Les ailes sont fixées à un angle de 172° l'une de l'autre; c'est-à-dire qu'elles présentent un dièdre supérieur, avec une pente de 4° chacune.

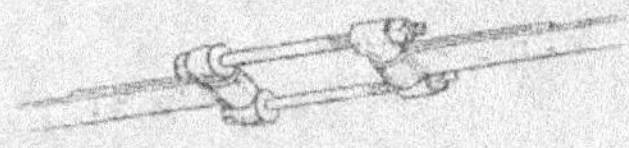

A remarquer le mode de haubannage inférieur des ailes, par lames d'acier et tendeurs à vis.

Fuselage. — Le fuselage a une section maximum d'environ 0^m600 × 0^m600, et décroît vers

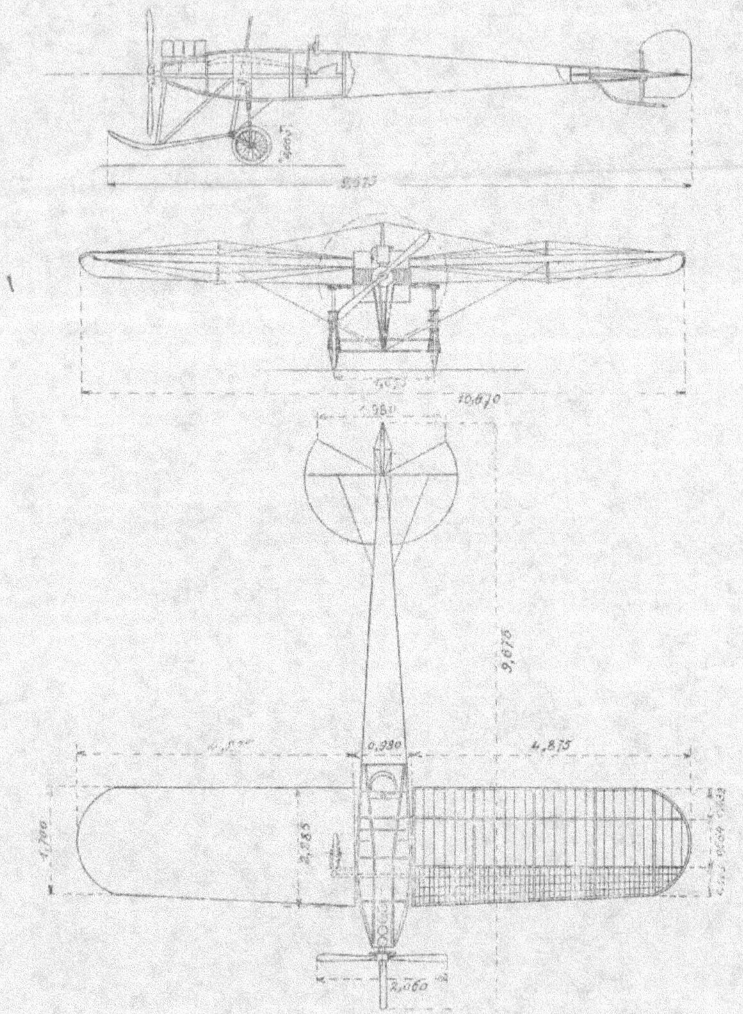

l'avant et vers l'arrière; sa section à sa jonction avec la queue étant de 0″485 × 0″150.

La partie avant est couverte complètement du bois contre-plaqué en trois épaisseurs; l'arrière est entoilé.

Nous donnons une vue schématique montrant comment le bâti du moteur supporte l'ensemble des organes de l'appareil. Il porte une sorte de boîte peu profonde à travers les faces de laquelle passent les longerons, les ailes et aussi la poutre

par eux), ils sont reliés aux montants verticaux du fuselage. On conçoit ainsi que si cette partie de l'appareil reçoit un effort, le résultat de cet effort s'étend à une grande partie de la construction; et si un tel principe permet de centraliser les poids, il permet aussi de donner une grande légèreté au fuselage sans lui rien enlever de sa solidité.

Le fuselage est d'ailleurs du type Blériot, et les pièces transversales sont montées dans des

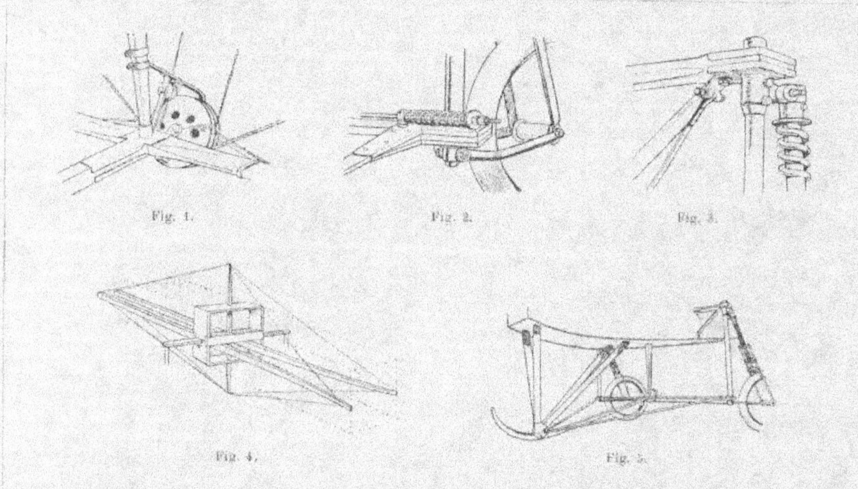

Fig. 1. Fig. 2. Fig. 3.

Fig. 4. Fig. 5.

horizontale portant les montants du châssis d'atterrissage (Fig. 4).

De plus, un mât central traverse ce caisson, ce mât étant destiné à supporter les câbles de haubannage. Ce mât est d'ailleurs relié aux extrémités du bâti par des haubans spéciaux. Cette cellule centrale est ainsi rigide d'elle-même dans toutes les directions et, à ce point de vue, ne demande aucune aide aux autres parties de la machine. A l'avant, les supports sont fixés au nez du fuselage, et à l'arrière, juste derrière le siège du pilote (qui est supporté directement

sabots d'aluminium; ils sont maintenus en place par la tension des fils de haubannage.

Un seul fil est passé à travers les oreilles latérales du sabot, à travers le longeron du fuselage, à travers et le long d'une contre-plaque d'aluminium pour repasser dans l'oreille opposée du sabot. Le résultat est de permettre le percement de trous très petits dans les longerons. Le fil avant d'être passé, est plié en U et est dirigé diagonalement après avoir été mis en place. Le modèle commercial du tendeur est employé.

Châssis d'atterrissage. — Il comporte un patin central (Fig. 5), relié par sa partie arrière au mi-

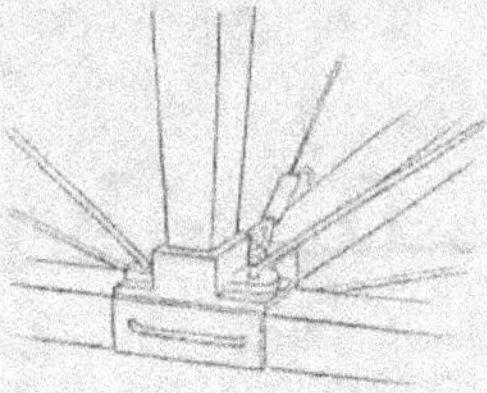

lieu d'une pièce transversale qui supporte deux roues à suspension élastique. Il y a quatre sup-ports vers l'avant du patin, qui sont reliés uniquement au bâti du moteur, de sorte qu'aucune partie du châssis d'atterrissage ne se trouve fixée au fuselage lui-même. L'extrémité inférieure du mât de haubannage rejoint le patin à sa rencontre avec la traverse du châssis. Les roues sont montées sur une suspension triangulaire; elles sont orientables; leur orientation est limitée, comme à l'ordinaire, par deux extenseurs diagonaux, et leur écartement est maintenu par une tige de liaison articulée.

Les commandes s'effectuent par un pont oscillant et volant central, comme dans le « Deperdussin ».

La direction est aux pieds.

Le moteur est un 4 cylindres Green de 60 HP.

MONOPLAN GRADE

Nous ne rappellerons pas ici l'historique des travaux de Hans Grade, que nous avons donnée dans « les Aéroplanes de 1911 ».

Il fut l'un des premiers aviateurs allemands, et son monoplan possède une excellente réputation. Il a une école à Johannisthal et une autre à Bork, entre Berlin et Belzig, où se trouve l'usine, sur l'aérodrome de Mars. Au contraire de Johannisthal, l'aérodrome de Mars est abrité et le terrain est particulièrement convenable aux envolées des débutants.

En plus du prix Lanz, l'aéroplane Grade en a gagné bien d'autres, notamment celui de la course Johannisthal-Bork, contre un Blériot et un Wright, qui tous deux avaient un moteur plus puissant.

La première poste aérienne — de Bork à Brück — fut établie et desservie par ce monoplan.

La construction en est simple à l'extrême, les commandes faciles, et le pilote a le spectacle ininterrompu du sol au-dessous de lui.

Ailes. — Les ailes sont très simplement faites. Les trois longerons sont en bambou, et près du fuselage, sont encastrés dans des tubes d'acier fixés à la membrure du corps. Sur les fines nervures de bambou la toile est cousue, et des nervures plus fortes en bois sont placées à intervalles déterminés pour maintenir la forme des plans.

Le bord de sortie des ailes est aménagé, vers les extrémités, pour permettre le gauchissement.

L'envergure des ailes est de 10^{m}500 et leur longueur antéro-postérieure de 2^{m}400. Leur surface portante est d'environ 24 mq.

Elles sont maintenues par un double haubannage fixé d'une part aux extrémités de l'essieu

GRADE

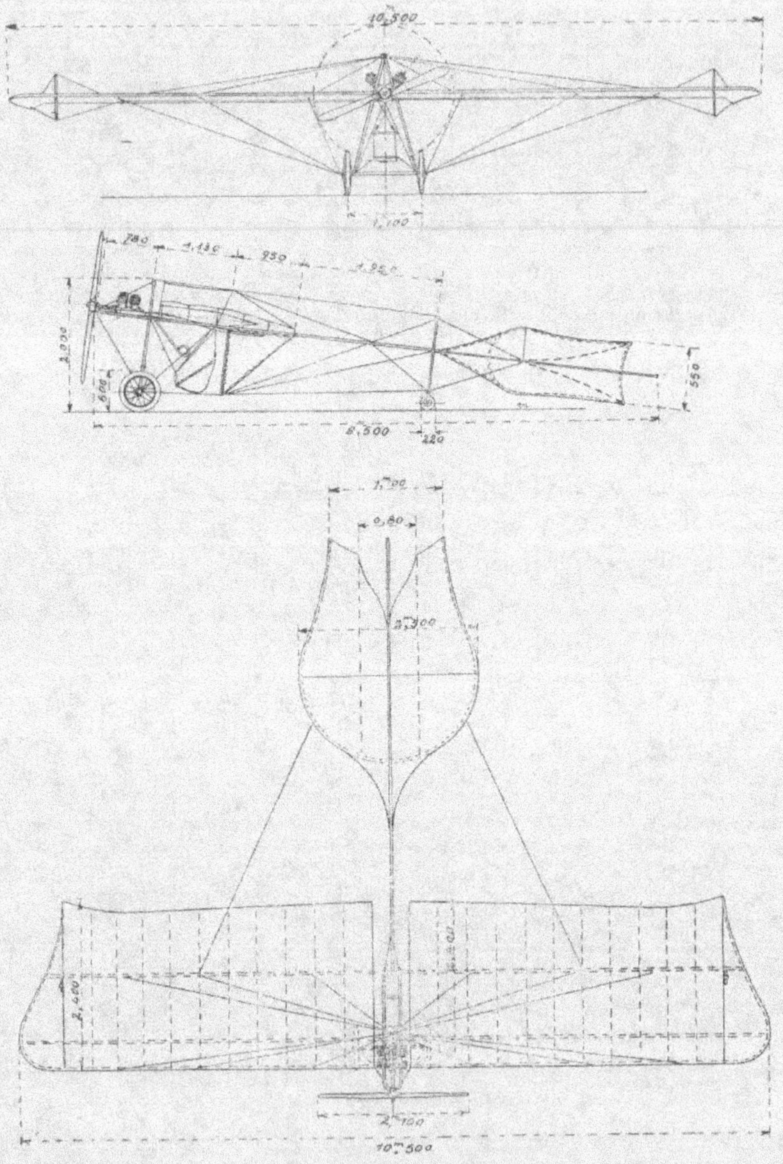

du châssis porteur, et vers le haut à l'extrémité d'un pylône en V qui part du cadre inférieur du châssis pour se terminer à 2m250 au-dessus du sol.

Les ailes sont arrondies à leurs extrémités, et se retournent très légèrement en pointes.

Fuselage. — Le fuselage, que Hans Grade appelle la quille, est formé par un tube d'acier de section ovale, de 8 mètres de longueur sur lequel sont fixés les plans de dérive, les gouvernails, les empennages, et les organes de commande.

Cette longrine d'acier est d'ailleurs rendue rigide par un ensemble de fils et de haubans frappés sur les poinçons verticaux et sur les longerons des ailes et de la queue.

Une petite roue suspendue élastiquement protège la queue au moment de l'atterrissage.

Queue. — La queue est réunie au fuselage. Elle est entièrement construite en bambou.

Il n'y a aucune charnière autour desquelles tournent les gouvernails; mais les extrémités de chaque plan agissent par flexion.

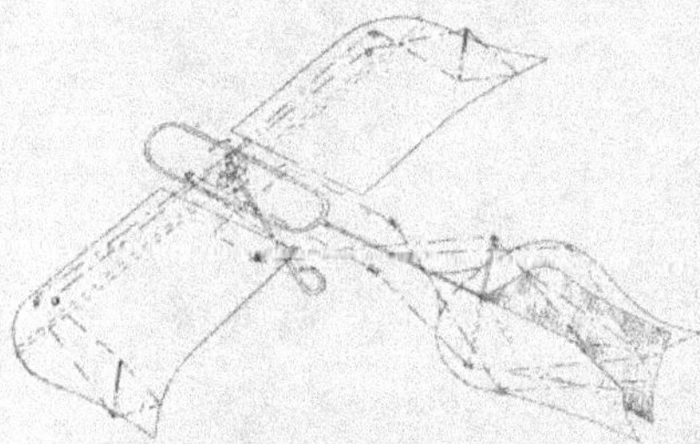

Châssis d'atterrissage. — L'extrême simplicité est la note dominante dans le châssis porteur. Il consiste en un tube d'acier formant essieu et portant une roue de 0m600 à chaque extrémité.

Il est relié à l'appareil par une armature en forme de V renversé. Les tubes de cette armature sont liés ensemble au sommet et forment le mât auquel les haubans supérieurs des ailes sont fixés.

Le pilote est assis dans un hamac suspendu par des ressorts juste au-dessous des ailes. Pour arrêter rapidement la machine à l'atterrissage, deux freins sont fixés aux roues avant.

Les commandes sont obtenues par un levier à la cardan actionnant la stabilisation longitudinale et le gouvernail.

Les organes de transmission passent au-dessus de la quille au moyen de petits mâts d'acier, et de poulies de renvoi.

Groupe propulseur. — Grade emploie un moteur à deux temps de sa construction, comportant 4 cylindres en V. Le moteur est de 16-24 HP. Son alésage est de 85mm, sa course de 85mm. Il pèse 50 kgs avec la charge d'essence et d'huile, la tuyauterie et la magnéto.

Le moteur, refroidi par air-cooling, est placé à l'avant et dans l'axe du fuselage sur lequel il est maintenu par un petit cadre en tubes d'acier.

Quatre types différents de monoplans sont construits dans les ateliers Grade : le plus petit, monoplace, est mû par un 16/24 HP. Il a 7 mètres de longueur et 7m950 d'envergure.

La vitesse maximum est de 106 kilomètres à l'heure. La surface portante est de 20 mq. et le poids à vide de 100 kgs.

Le plus grand type est un triplace, avec un 30/45 HP, qui donne une vitesse maximum de 89 kilomètres à l'heure.

Sa longueur est de 10 mètres, son envergure de 11m900, tandis que la surface est de 45 mq. et le poids à vide de 177 kgs.

Le monoplan Grade emporte 45 litres d'essence et 16 litres d'huile, ce qui est suffisant pour un vol d'environ trois heures et demie.

Résumé des caractéristiques

	Monoplace (Course)	Monoplace (Tourisme)	Biplace	Triplace
Surface........	20	22.60	24	45
Poids à vide....	100	124	155	177
Envergure......	7 950	9 000	10 500	11 900
Longueur totale.	7 000	7 650	8 500	10 000
Puissance......	16.24	16.24	24.30	30.45
Vitesse	106	93	95	89

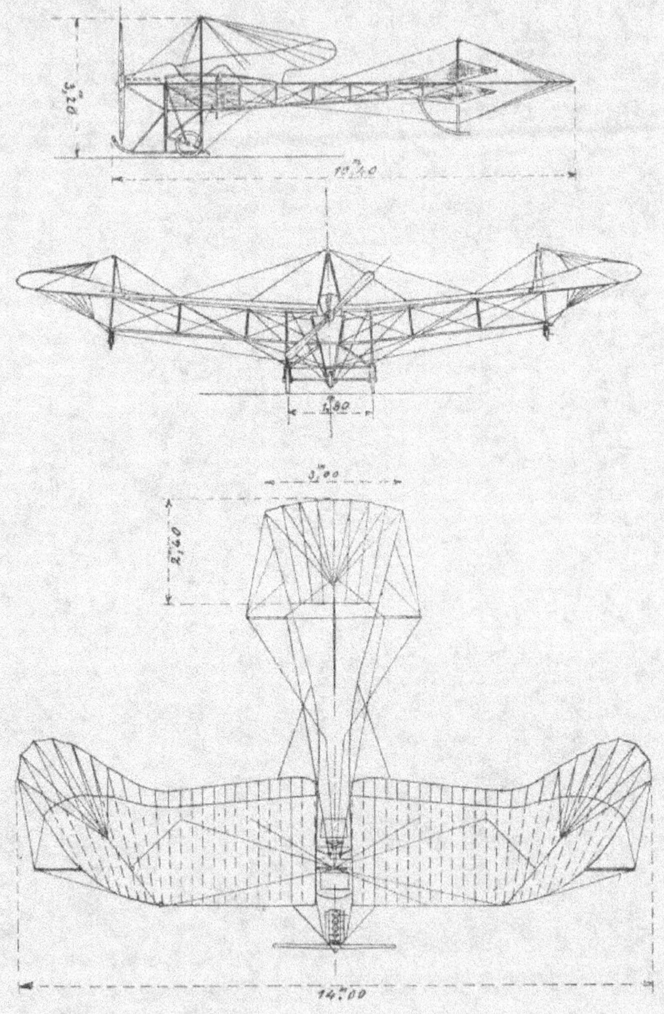

3,20
10,40
1,80
3,00
2,20
14,00

" PIGEON " RUMPLER

Construit en Allemagne, le monoplan Rumpler ne diffère de l'Etrich que par les dimensions. D'ailleurs, M. Rumpler est possesseur d'une licence Etrich.

Nous ne rappellerons pas ici quels sont les procédés de construction qui font des monoplans de ce type des planeurs remarquables et stables.

Nous insisterons seulement sur certains détails dont nous n'avons pas parlé précédemment.

Tension des ailes. — En vertu de la souplesse de toute la partie arrière des ailes et de la queue, la toile ne parviendrait jamais à un degré de tension suffisant sans l'emploi d'un artifice fort ingénieux.

Le longeron médian de l'aile est prolongé au delà de la voilure et maintenu par un haubannage approprié. A l'extrémité de ce longeron, et retenu par un mouflage spécial, est attaché un système tenseur agissant sur la nervure extrème de l'aile.

La tension est d'ailleurs réglable. On obtient ainsi facilement, pour les parties l et h de la voilure un déploiement convenable.

Fuselage. — Le fuselage est construit comme celui du monoplan Etrich. Les gouvernails S sont moins grands. Les réservoirs sont disposés en G sous le siège du passager. Quant au radiateur, il est divisé en deux panneaux appliqués sur chacune des faces latérales du fuselage, sous les ailes, en K.

Freins d'atterrissage. — Une particularité spéciale au monoplan Rumpler est le frein b disposé à l'arrière du patin, et qui est commandé par le pilote; son efficacité est très suffisante pour qu'il puisse arrêter presque instantanément l'appareil dans les atterrissages en vitesse.

Ce frein se compose d'une petite bêche articulée, et que le pilote peut faire dépasser au-dessous du patin par la simple traction d'un câble, en agissant sur un levier spécial.

Résumé des caractéristiques

Surface portante : 35 mq.
Poids à vide : 375 kg.
Envergure : 14 mètres.
Longueur : 10ᵐ400.
Puissance : 60 HP.
Vitesse : 90 km.-h.
Charge utile : 200 kg.
Poids par mq. : 16,5 k.

SCHNEIDER

AÉROPLANES SCHNEIDER

Établi, en Allemagne par la « Luftverkehrs Gesellschaft », le monoplan Schneider ne diffère du « Nieuport » que par quelques procédés constructifs. M. Schneider est, en effet, un ancien chef d'ateliers à l'usine de Suresnes.

Rentré dans son pays, il mit à la disposition de l'industrie locale le bagage technique et pratique qu'il avait acquis, à la fréquentation quotidienne d'Edouard Nieuport.

De sorte que le monoplan créé par la L. V. G. est à l'heure actuelle l'un des meilleurs construits en Allemagne.

Nous allons en donner une rapide description.

Ailes. — L'envergure de l'appareil est de 11m400. Les ailes sont trapézoïdales, les quatre angles en étant arrondis. Elles se composent de deux longerons convergents sur lesquels sont montées, à l'intérieur du cadre périmétrique, 12 nervures équidistantes. Ces nervures présentent le profil à double courbure.

Le haubannage est assuré par deux séries de câbles d'acier fixés aux montants du châssis d'atterrissage, d'une part, et à un pylône supérieur, d'autre part.

Les ailes sont gauchissables au gré du pilote.

Fuselage. — Le fuselage est entièrement entoilé. Ses lignes sont fuyantes vers l'arrière. De forme quadrangulaire, il présente, entre les ailes, une largeur maximum de 0m950. Il se termine,

à l'avant, par un capot en tôle à l'intérieur duquel est dissimulé le moteur dont les 4 cylindres verticaux, seuls, dépassent.

Le pilote et le passager sont entièrement dissimulés dans le fuselage, le capot étant muni d'un saute-vent vitré permettant une direction aisée et une observation facile.

Châssis d'atterrissage. — Le châssis, fort original, se compose d'un patin à semelle élastique, et de deux roues montées sur ressorts.

Le patin prend appui sur deux V en tubes d'acier méplats. Sa semelle est articulée à l'avant, et pourvue d'un puissant amortisseur. La forme générale du patin rappelle celle des premiers patins élastiques R. E. P.

Sur le V postérieur du châssis sont montés deux ressorts puissants, parallèles entre eux et à convexité supérieure.

Ces deux ressorts sont réunis à chacune de leurs extrémités latérales par une pièce dans laquelle est encastrée la fusée de la roue correspondante.

Ce système, imaginé pour donner à l'appareil une note personnelle, pour être un succédané du « Nieuport » présente l'inconvénient d'être plus lourd et moins effacé. Il est cependant efficace.

Mais la forme du patin nécessite l'adjonction d'une petite béquille élastique supportant l'arrière du fuselage.

Empennage. - Équilibreur. — Fixé à la partie supérieure et à l'arrière du fuselage, comme dans le « Nieuport », l'empennage est ici semi-ovoïde. Il est terminé par deux volets solidaires semi-elliptiques. La largeur de l'empennage atteint 1^m950. Sa surface est de 1 mq.75 Il ne joue d'ailleurs aucun rôle au point de vue de la sustentation.

Résumé des caractéristiques

Surface portante : 22 mq.
Poids à vide : 420 kgs.
Envergure : 11^m,400.
Longueur : 8^m,000.
Puissance : 50 HP.
Vitesse : 100 km.
Poids en ordre marche : 640 kgs.
Poids par mètre carré : 29 kgs.

AÉROPLANES VALKYRIE

Construits par The Aeronautical Syndicate Ltd, les monoplans « Valkyrie », d'une allure absolument originale, sont remarquables par leur centrage aussi bien que par la conception initiale de leur construction.

En effet, si certains manufacturiers ont appliqué au biplan les procédés constructifs du monoplan, l'on retrouve, ici, au contraire, appliqués avec une rare adresse, à un monoplan, le mode de construction des biplans.

Le fuselage de faible section qui réunit habituellement les ailes aux organes de stabilisation est ici remplacé par une poutre de réunion de 2ᵐ550 de largeur.

L'équilibreur est à l'avant; aucun empennage n'existant à l'arrière. L'appareil est donc du type « Canard ». Le pilote est assis en avant des surfaces; le moteur et l'hélice sont portés, eux aussi, en avant des ailes, par le même bâti qui supporte le siège de l'aviateur.

Trois types ont été construits :

Type A : à une place (tourisme);

Type B : modèle cross-country (course);

Type C : à deux places (transport).

Nous décrirons le type B, muni d'un moteur Gnôme de 50 HP.

Ailes. — Afin de donner, sensiblement, une stabilité latérale automatique, les plans porteurs ont été établis avec un dièdre prononcé. Il existe aussi un dièdre longitudinal entre les surfaces principales et le plan fixe jouant le rôle d'empennage à l'avant, celui-là ayant un angle de 9°, tandis que celui-ci a 13° d'incidence.

Les plans principaux sont en trois parties, le centre ayant une corde plus courte que les ailes, de façon à permettre la rotation de l'hélice dans un logement spécialement aménagé.

Les plans sont tendus de toile d'une seule face, et leur construction rappelle celle de H. Farman. La stabilité latérale est assurée par l'emploi d'ailerons aux extrémités des ailes. Des essais d'ailes gauchissables ont été effectués. Les ailerons ne sont pas équilibrés, mais sont du type flottant, agissant séparément au gré du pilote.

Empennage. — **Équilibreur.** — L'empennage fixe est situé à 3ᵐ600 en avant des ailes.

L'angle d'attaque qui est normalement de treize degrés, peut être changé pour le réglage de la position de vol selon la charge transportée. L'équilibreur, qui est disposé au-dessous et en arrière de la surface fixe, est commandé direc-

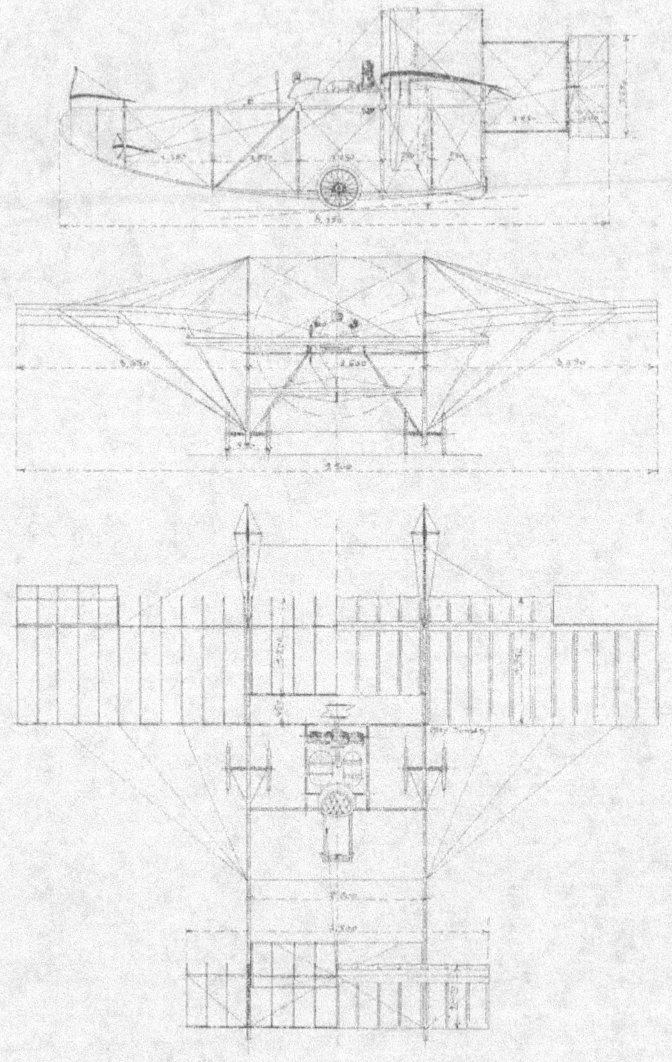

tement par le pilote, au moyen d'un levier articulé à la Farman.

Gouvernails de direction. — Les gouvernails sont disposés, au nombre de deux, à 1 mètre en arrière du bord arrière des ailes.

Pour en assurer l'efficacité, on a aménagé deux dérives en tête de l'appareil. Ces dérives sont constituées par l'entoilage des extrémités antérieures de chacune des faces latérales de la grande charpente qui soutient l'équilibreur.

Châssis d'atterrissage. — Il comporte quatre roues disposées deux à deux de chaque côté des

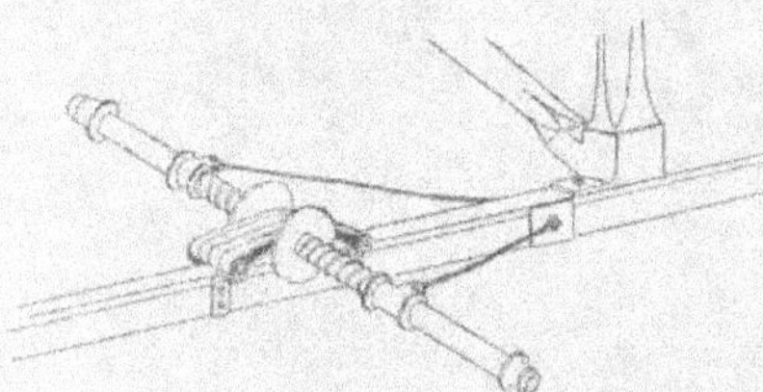

patins. Ces patins eux-mêmes sont les deux longerons inférieurs, judicieusement renforcés, de la charpente dont nous avons parlé plus haut.

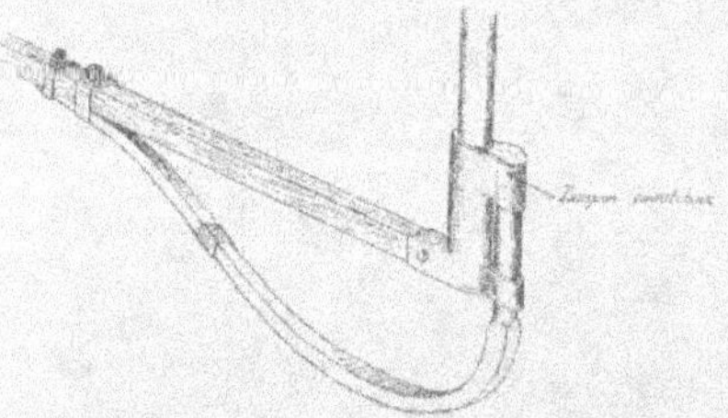

Les roues ont 750ᵐᵐ de diamètre, sont deux à deux, distantes de 600ᵐᵐ et reliées aux patins par des bagues de caoutchouc (H. Farman).

Siège du pilote. — Commandes. — Le siège du pilote est aménagé comme dans les biplans H. Farman.

Il est installé à l'avant d'un bâti qui porte les flasques de tôle emboutie entre lesquelles tourne le moteur Gnôme. Les réservoirs sont disposés entre le moteur et le pilote.

Les commandes sont du type dit « instinctif », et comportent un levier articulé à la Cardan et un palonnier pour la direction.

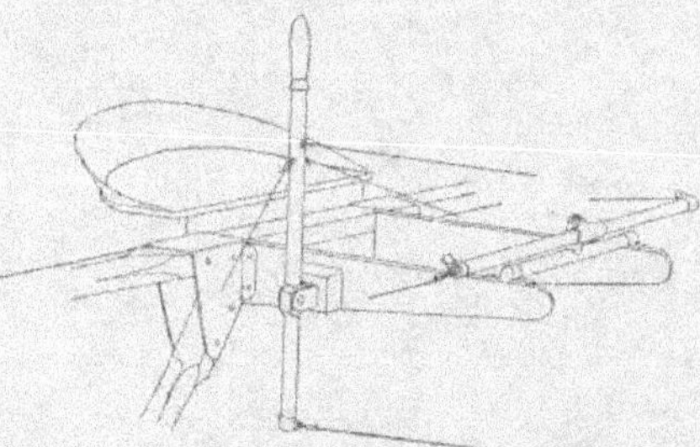

Au point de vue constructif, il est regrettable que les pièces en aluminium soient aussi nombreuses. Il est vrai qu'elles travaillent presque uniquement à la compression. Cependant, cet abus de l'aluminium est un véritable anachronisme au moment où tous les constructeurs tendent à employer exclusivement la construction en acier.

Nous signalerons comme particulièrement ingénieuses les crosses élastiques disposées à l'arrière de l'appareil pour freiner à l'atterrissage.

Le système d'attache des haubans, par filetage de l'extrémité et emploi d'écrous spéciaux de grande longueur a le défaut d'affaiblir la section du fil à l'attache et oblige, pour tenir compte de la diminution de section et de l'écrouissage, à employer des haubans de gros diamètre.

Au demeurant, la « Valkyrie » est un appareil de tout repos : stable sans être très rapide, il atterrit avec douceur dans les terrains les plus mauvais et ne peut pour ainsi dire jamais capoter par suite de la disposition de ses patins.

Résumé des caractéristiques

Surface : 19 mq. 25.
Envergure : 9ᵐ500.
Longueur : 8ᵐ150.
Puissance : 50 HP.
Vitesses : 90 km. heure.
Poids à vide : 250 kga.
Charge utile : 155 kgs.
Poids par mq. : 20 kgs.

WRIGHT

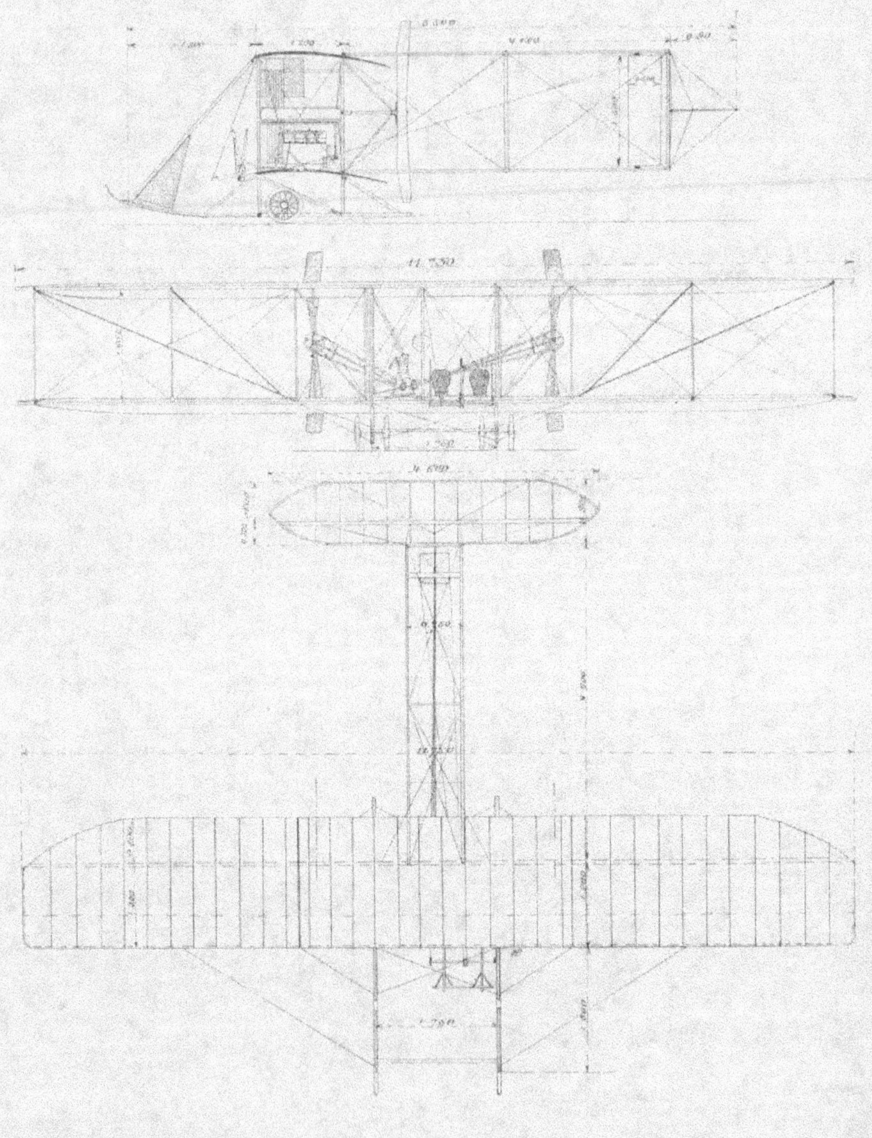

AÉROPLANES WRIGHT

La première chose qui frappe un observateur qui examine les nouveaux modèles des machines Wright est l'apparente légèreté de la machine entière.

Cela est dû, non seulement au « fini » de toutes les parties, mais dans une grande mesure à l'harmonie de la conception générale. Un rapide coup-d'œil ne révèle point la puissance et la solidité qui sautent aux yeux pendant un examen plus approfondi. Une étude des détails variés de construction montre bien avec quel soin chaque pièce a été étudiée pour son emploi et sa situation particuliers.

Nous rappellerons avant de passer à la description des types les plus récents, l'historique rapide des aéroplanes Wright.

Les premiers appareils (Auvours, Pont-Long) avaient un équilibreur à l'avant. En 1910, apparut la combinaison d'une surface arrière et d'une surface avant combinées. A l'exhibition d'Asbury Park, en 1910, l'appareil « sans tête » fit sa première apparition. Ce n'était autre chose qu'un appareil mixte dont on avait supprimé toute la partie avant.

Dans le modèle B, sorti en 1911, la superstructure avant était raccourcie, et les dérives disposées à l'avant des patins un peu agrandies. En juillet 1911, les nouvelles machines de ce modèle avaient, en outre, deux dérives rectangulaires sous la surface supérieure, au centre de la cellule.

Les départs s'effectuaient primitivement sur un rail, soit avec pylône, soit sans; le premier type « sans tête » fut équipé avec un châssis d'atterrissage, le même qui est utilisé actuellement.

Le modèle R (Baby) fut établi pour le meeting de Belmont, en 1910. Des appareils de ce type, le

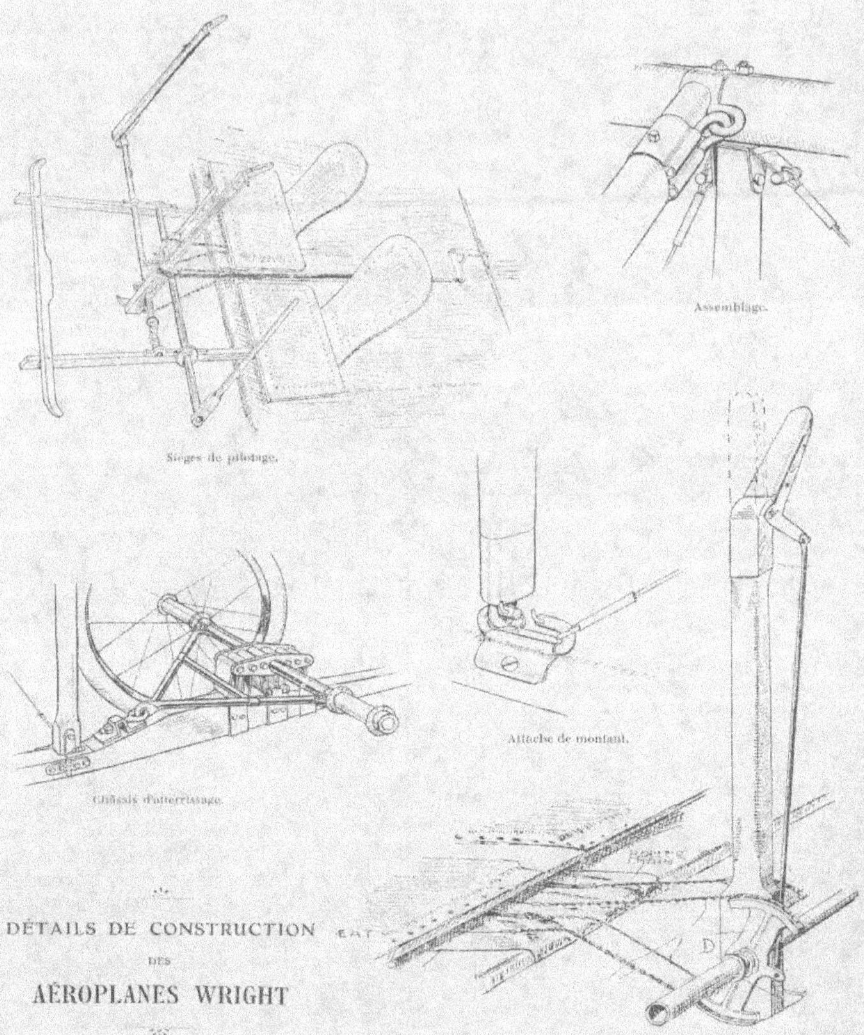

DÉTAILS DE CONSTRUCTION
DES
AÉROPLANES WRIGHT

seul qui ait été entre les mains de sportsmen fut celui d'Alec. Ogilvie, en Angleterre. Son envergure, était de 8^m100, les plans avaient 1^m100 de profondeur. Son poids était de 265 kgs. Il était muni du moteur de 30 HP. Ce type fut employé par Johnstone, quand il battit le record du monde de hauteur, par 2.963 mètres. Cet appareil était à l'époque, relativement à la puissance de son moteur, le plus rapide aéroplane existant. Ogilvie réalisa, avec ce biplan, la vitesse de 86 kilomètres à l'heure à la Coupe Gordon-Bennett, en 1910.

Un appareil de course fut spécialement établi pour le meeting de Belmont, avec seulement 6^m710 d'envergure; il était muni d'un moteur spécial de 60 HP (8 cyl.), mais il fut malheureusement brisé avant d'avoir pu se mettre en ligne pour la Coupe Gordon-Bennett.

Une machine de 9^m760, avec passager, fut construite également pour les exhibitions en terrain réduit.

Nous nous bornerons à étudier ici les modèles de l'année : le type B et le type C.

BIPLAN TYPE B

Surfaces principales. — Elles ont une envergure de 11^m900 et une corde de 1^m900; elles sont construites, chacune, en trois parties. La toile, fabriquée par The Goodyear Tire et Rubber C°, est fixée diagonalement, étant attachée à chaque

partie séparément, les trois parties lacées ensemble. La toile est fixée des deux côtes de chaque surface. Les longerons sont en spruce, comme la majeure partie de la charpente. Leurs dimen-

sions sont de 45^{mm} — 32^{mm}, la plus grande dimension étant verticale dans le longeron avant et horizontale pour le longeron arrière. Ils sont plus gros dans la section moyenne du plan inférieur (45 × 64 à l'avant; 32 × 64 à l'arrière). Il y a 34 nervures à chaque plan; espacées de 0^m300 au centre; leur écartement augmentant vers les extrémités latérales des plans.

Les nervures qui correspondent aux montants sont pleines entre les longerons. Les autres sont constituées de deux lames (l'une supérieure, l'autre inférieure), avec les blocs distants d'environ 15 cm. Les deux nervures qui supportent le moteur et les deux qui portent les sièges sont les seules qui existent entre les montants pour le plan inférieur, sur une distance de 1^m800.

Il y a neuf paires de montants, réunis aux plans par le joint flexible bien connu, sauf ceux du centre qui sont fixés par une sorte de sabot.

Il est à remarquer que quelques tendeurs ont fait leur apparition au centre de l'appareil. C'est sans doute pour pouvoir remplacer le moteur plus facilement. Toutes les cordes à piano non munies de tendeurs sont coupées de longueur et interchangeables. En montant la cellule, les fils sont attachés et les montants mis en place ensuite.

Les haubans sont coupés et les boucles fixées par un système spécial, à l'usine. Comme le fil employé résiste à la rupture à une force variant entre 360 et 1080 kgs, l'on conçoit qu'une fois la cellule montée, il n'y ait plus de raison pour régler ultérieurement la tension du haubannage. La courbure des plans est 1/20, et la flèche maximum est à 760^{mm} du bord avant.

Gouvernail vertical. — Il est, en général, construit comme dans les premiers appareils, quoique un peu plus petit. La direction est assurée par la combinaison du gauchissement et du gouvernail.

Le même levier sert pour les deux organes.

En « cassant » le sommet B soit à droite, soit à gauche, sans changer la position du levier, le gouvernail est mû pour tourner à droite ou à gauche.

Ce mouvement séparé du gouvernail est obtenu par suite de l'action du secteur D.

Équilibreur. — Le tiers avant de cette surface est rigide, tandis que les 2/3 arrière en sont flexibles. L'équilibrage est opéré par mouvement en avant ou en arrière du levier d'équilibreur, les câbles de commande étant croisés pour que le levier mette à descendre quand il est poussé et à monter quand il est tiré. La toile est fixée diagonalement, et une seule épaisseur est employée, les nervures et longerons étant logés dans des faux-ourlets (goussets) ménagés à cet effet.

Il y a un second levier d'équilibreur, qui peut être mû par un élève, le cas échéant; dans ce cas, il actionne le gauchissement et le gouvernail avec la main droite.

Quelques aviateurs emploient le siège le plus près du moteur, avec le levier de gauchissement à leur gauche. Le levier auxiliaire est pourvu d'un enclenchement de sécurité.

Châssis d'atterrissage. — Les roues sont employées, combinées aux patins, ainsi que le montre le croquis ci-contre.

Poids. — Le poids de l'appareil en vol, avec pilote et passager, est voisin de 560 kgs. Le poids transporté par cheval est d'environ 18 kgs. Le poids transporté par mètre carré de surface portante d'après les chiffres ci-dessus est de 13 kgs.

Lancaster donne au biplan Wright un rendement de 63 0/0, après déduction de 5 0/0 pour perte dans les chaînes.

BIPLAN TYPE C

La « Wright C » établit un nouveau modèle de biplan destiné aux transports aériens. Cet appareil est, en fait, une modification du type militaire. Comparé au modèle B, il présente de nombreuses différences.

Le tiers arrière des surfaces principales est souple; les gouvernails verticaux ont été allongés dans le sens de la hauteur; les longerons de la queue sont en frêne; le radiateur a été reculé en arrière des longerons postérieurs de la cellule et à gauche du moteur, qui demeure du même type (30-35 HP).

Le réservoir d'essence est placé sur le plan inférieur, contre le dossier de l'un des sièges.

Les montants du patinage sont plus longs, ce qui place les ailes plus loin du sol. Les leviers de commande sont ici tous deux à main droite et le système a été simplifié.

La principale modification est le système des deux surfaces rectangulaires fixées à l'extrémité avant des patins.

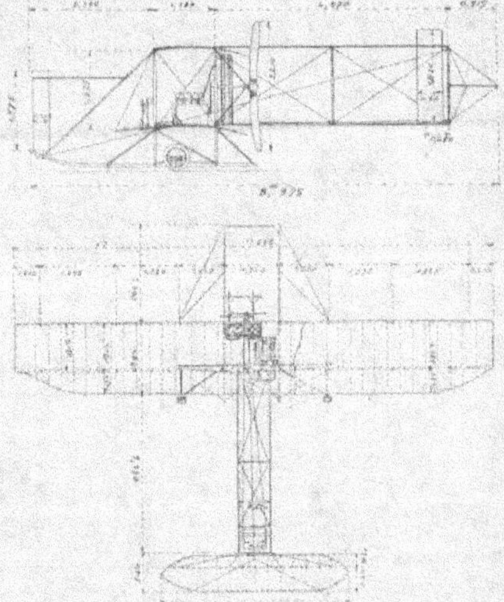

Quant à la cellule, elle comporte seulement 8 paires de montants au lieu de 9. La vitesse est de 75 kilomètres à l'heure.

Les tubes d'acier qui maintenaient les hélices ont disparu, et leur axe est fixé directement aux montants de la cellule.

Telles sont les principales modifications qui différencient les types B et C.

Les caractéristiques comparées sont réunies dans le tableau ci-dessous :

Caractéristiques comparées

	B	C
Surface	$43^{m2}70$	$43^{m2}70$
Poids à vide	380 kg.	380 kg.
Envergure	$11^{m}773$	$11^{m}590$
Longueur	$8^{m}540$	$9^{m}061$
Puissance	30 HP	30 HP
Vitesse	70 km.	75 km.
Charge utile	180 kg.	180 kg.
Poids par mètre carré	13 kg.	13 kg.

Ing. BORDÉ

Optique et Sciences

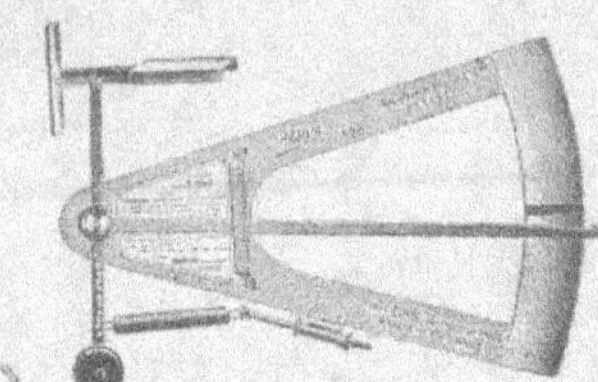

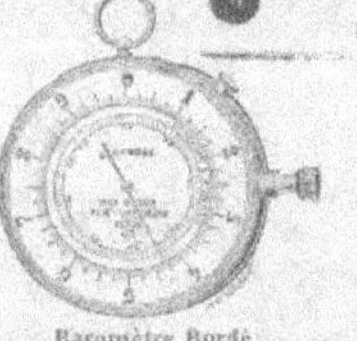

BAROMÈTRES ▦ ▦

▦ ▦ ANÉMOMÈTRES

PARIS - 99, Boulevard Haussmann - PARIS

BREVETS CABINET fondé en 1819 **MARQUES**

G. DE MESTRAL & F. HARLÉ

INGÉNIEURS-CONSEILS

Membres de l'Association française des Ingénieurs-Conseils et de la Société des Ingénieurs civils de France

21, rue de La Rochefoucauld - PARIS

OPÉRATIONS DU CABINET

Obtention des Brevets. — Le Cabinet se charge de l'obtention des Brevets d'invention, des dépôts de marques de fabrique, dessins et modèles en tous pays.

Avis consultatifs. — Le Cabinet donne des consultations sur la validité des Brevets.

Procès en contrefaçon. - Le Cabinet se charge de diriger les procès en contrefaçon et les actions en nullité ou déchéance de brevets.

Recherches d'antériorités. — Copies de Brevets. - Le Cabinet fait les recherches d'antériorités et fournit des copies de brevets délivrés en France et à l'Étranger.

DESSINS

Adresse Télégraphique : MESTRAL-PARIS

TÉLÉPHONE : 286-74

MODÈLES

RÉPERTOIRE

DESCRIPTIF

DES

BREVETS D'INVENTION

DÉLIVRÉS EN FRANCE

et Concernant exclusivement

L'AÉRONAUTIQUE

La description de chaque invention

est accompagnée de

NOMBREUSES FIGURES

Prix : 7 fr. 50

LIBRAIRIE AÉRONAUTIQUE, 40, rue de Seine — PARIS (VIᵉ)